Leitfäden der angewandten Informatik

Bauknecht / Zehnder: **Grundzüge der Datenverarbeitung**
Methoden und Konzepte für die Anwendungen
2. Aufl. 344 Seiten. Kart. DM 28,80

Beth / Heß / Wirl: **Kryptographie**
205 Seiten. Kart. DM 24,80

Hultzsch: **Prozeßdatenverarbeitung**
216 Seiten. Kart. DM 22,80

Kästner: **Architektur und Organisation digitaler Rechenanlagen**
224 Seiten. Kart. DM 23,80

Lausen / Schlageter / Stucky: **Datenbanksysteme: Eine Einführung**
In Vorbereitung

Mresse: **Information Retrieval – Eine Einführung**
280 Seiten. Kart. DM 36,–

Müller: **Entscheidungsunterstützende Endbenutzersysteme**
253 Seiten. Kart. DM 26,80

Mußtopf / Winter: **Mikroprozessor-Systeme**
Trends in Hardware und Software
302 Seiten. Kart. DM 29,80

Schicker: **Datenübertragung und Rechnernetze**
222 Seiten. Kart. DM 25,80

Schmidt et al.: **Digitalschaltungen mit Mikroprozessoren**
2. Aufl. 208 Seiten. Kart. DM 23,80

Schneider: **Problemorientierte Programmiersprachen**
226 Seiten. Kart. DM 23,80

Singer: **Programmieren in der Praxis**
2. Aufl. 176 Seiten. Kart. DM 24,–

Specht: **APL-Praxis**
192 Seiten. Kart. DM 22,80

Vetter: **Aufbau betrieblicher Informationssysteme**
300 Seiten. Kart. DM 29,80

Weck: **Datensicherheit**
326 Seiten. Geb. DM 42,–

Wingert: **Medizinische Informatik**
272 Seiten. Kart. DM 23,80

Wißkirchen et al.: **Informationstechnik und Bürosysteme**
255 Seiten. Kart. DM 26,80

Preisänderungen vorbehalten

 B. G. Teubner Stuttgart

Leitfäden der angewandten Informatik

F. Singer
Programmieren in der Praxis

Leitfäden der angewandten Informatik

Herausgegeben von

Prof. Dr. L. Richter, Dortmund
Prof. Dr. W. Stucky, Karlsruhe

Die Bände dieser Reihe sind allen Methoden und Ergebnissen der Informatik gewidmet, die für die praktische Anwendung von Bedeutung sind. Besonderer Wert wird dabei auf die Darstellung dieser Methoden und Ergebnisse in einer allgemein verständlichen, dennoch exakten und präzisen Form gelegt. Die Reihe soll einerseits dem Fachmann eines anderen Gebietes, der sich mit Problemen der Datenverarbeitung beschäftigen muß, selbst aber keine Fachinformatik-Ausbildung besitzt, das für seine Praxis relevante Informatikwissen vermitteln; andererseits soll dem Informatiker, der auf einem dieser Anwendungsgebiete tätig werden will, ein Überblick über die Anwendungen der Informatikmethoden in diesem Gebiet gegeben werden. Für Praktiker, wie Programmierer, Systemanalytiker, Organisatoren und andere, stellen die Bände Hilfsmittel zur Lösung von Problemen der täglichen Praxis bereit; darüber hinaus sind die Veröffentlichungen zur Weiterbildung gedacht.

Programmieren in der Praxis

Von Dipl.-Math. Friedemann Singer
Gesamthochschule Kassel

2., durchgesehene Auflage
Mit 39 Figuren

 B. G. Teubner Stuttgart 1984

Dipl.-Math. Friedemann Singer

Geboren 1927 in Dessau. Studium der Mathematik in Halle/Saale und Göttingen; 1968 Diplom in Mathematik. 1968 bis 1970 wiss. Mitarbeiter im Max-Planck-Institut für Aeronomie, Institut für Stratosphärenphysik, in Lindau/Harz. 1970 bis 1972 wiss. Angestellter im Zentrum für Datenverarbeitung der Universität Tübingen. Seit 1972 wiss. Bediensteter an der Gesamthochschule Kassel, Planungsgruppe des Gründungspräsidenten, Referat EDV; seit 1977 im Hochschulrechenzentrum der Gesamthochschule Kassel.

CIP-Kurztitelaufnahme der Deutschen Bibliothek

Singer, Friedemann:
Programmieren in der Praxis / von Friedemann Singer. –
2., durchges. Aufl. – Stuttgart : Teubner, 1984.
  (Leitfäden der angewandten Informatik)
  ISBN 978-3-519-12458-0   ISBN 978-3-322-93996-8 (eBook)
  DOI 10.1007/978-3-322-93996-8

Gesamtherstellung: Zechnersche Buchdruckerei GmbH, Speyer
Umschlaggestaltung: W. Koch, Sindelfingen

Vorwort

> Meine Botschaft an den ernsthaften Pro-
> grammierer lautet: Verbringe einen Teil
> Deines Arbeitstages damit, Deine eigenen
> Methoden zu überprüfen und zu vervollkomm-
> nen. Programmierer kämpfen zwar ständig
> darum, künftige oder bereits abgelaufene
> Termine einzuhalten; dies sollte sie
> aber nicht davon abbringen, über die
> Grundlagen der eigenen Arbeit nachzuden-
> ken, denn das ist eine weise Langzeit-
> investition.
>
> R. W. Floyd

Mit dem Erlernen einer Programmiersprache ist es nicht getan, wenn
man Erfolge im Entwickeln von Programmen haben will; diese Erkennt-
nis hat sich jetzt allgemein durchgesetzt. Es gibt auch Bücher
über Programmiermethoden, die aber meistens das Projektmanagement
mit behandeln. Ihre Adressaten sind in der Regel Chefs von Pro-
grammiererteams oder Projektleiter.

Mit dieser Schrift versuche ich die Lücke zwischen jenen Büchern
und den elementaren Einführungen in eine Programmiersprache zu
schließen. Im Kapitel "Einleitung" habe ich meine Vorstellungen
zu diesem Vorhaben dargelegt.

Bei der Abfassung dieses Buches wurde mir von verschiedenen Seiten
Hilfe zuteil. So haben mir dankenswerterweise folgende Firmen Unterlagen über ihre Text-Editoren zugesandt:

> Burroughs,
> Control Data Corporation (CDC),
> Data General,
> Digital Equipment Corporation (DEC),
> Siemens AG,
> Sperry UNIVAC.

Benutzungsanleitungen für Text-Editoren von IBM-Systemen und vom
TR 440 standen mir eo ipso zur Verfügung.

Besonderer Dank gilt Herrn Strott vom Rechenzentrum des Batelle-Instituts Frankfurt (Burroughs B 6700) und Herrn Motlik von der Control Data GmbH Frankfurt (Cybernet); sie machten es mir möglich, die betreffenden Editoren am Bildschirm zu studieren.

Meinen Arbeitskollegen verdanke ich die Klärung eigener Gedanken durch manch anregende Diskussion über Themen dieses Buches.

Vor allem aber möchte ich meiner Frau danken, die es viele Monate lang ertrug, daß ich meine freie Zeit fast nur der Arbeit an dem Buch widmete. Sie hat außerdem das Manuskript gelesen und mich vor zahlreichen Ungeschicklichkeiten und Fehlern bewahrt, ehe ich den Text als Repro-Vorlage ins Reine schrieb.

Baunatal, im Juni 1980

Friedemann Singer

Vorwort zur 2. Auflage

Leser und Kritiker haben dieses Buch positiv aufgenommen. Dennoch oder gerade deswegen erhielt ich viele Anregungen und "error messages", für die ich mich herzlich bedanke; sie haben die 2. Auflage mit gestaltet.

Die Beispiel-Programme sind auf einem modernen Mini-Computer, nämlich ND-560, neu gerechnet worden. Das geschah während der Installationsphase dieses Rechners im HRZ der Gesamthochschule Kassel. Für Unterstützung mit Rat und Tat danke ich Herrn Blaschke von der Fa. NORSK DATA - DIETZ und meinen Arbeitskollegen.

Baunatal, im Januar 1984

Friedemann Singer

Inhaltsverzeichnis

Einleitung

> Die Fähigkeit des Menschen, schlampig zu
> denken und zu rationalisieren, d.h. die
> Konsequenzen seines schlampigen Denkens
> wegzuerklären, ist sehr ausgeprägt.
>
> Joseph Weizenbaum

> Ein "gutes" Programm wird von einem "gu-
> ten" Programmierer geschrieben - einem,
> der nicht nur den Mechanismus des Pro-
> gramms bedenkt, sondern auch seine Aus-
> wirkungen.
>
> Kreitzberg u. Shneiderman

Ein Mensch hat ein Computer-Programm zu schreiben: hoffentlich
wird es ein gutes Programm! Er setzt sich an den Tisch, breitet
einen Bogen Papier vor sich aus, nimmt den Bleistift zur Hand
und - - - denkt nach.

Wer nun ist dieser Mensch, und was ist ein gutes Programm?

Schauen wir uns zunächst den Menschen an, denn er ist der Leser
dieses Buches und an ihn wendet sich der Autor.

Der Mensch ist Systemprogrammierer in einem Rechenzentrum, Angestellter BAT IVa, verheiratet, zwei schulpflichtige Kinder. Er
arbeitet an einem umfangreichen Programmsystem für die Betriebs-
statistik.

Der Mensch ist Diplomphysiker in einem Max-Planck-Institut, be-
teiligt an einem zeitlich befristeten Forschungsauftrag. Er hat
numerische Auswertungen zu programmieren.

Der Mensch ist eine Studentin der Ökonomie und ein Student des
Bauingenieurwesens, die gemeinsam an einer interdisziplinären Stu-
dienarbeit sitzen.

Der Mensch ist n i c h t ein Team von acht Programmierern, die
arbeitsteilig, gleichsam am Fließband, unter der Oberaufsicht eines
Chefprogrammierers arbeiten. Für derartige Teams und dementsprechend große Projekte gelten weitergehende und strengere Regeln, die
nicht Gegenstand dieses Buches sind. Der Mensch ist aber sehr wohl
ein einzelner dieser acht Programmierer, denn die hier ausgebreite-

ten Handreichungen, z.T. bitteren Erfahrungen entsprungen, gelten
auch für ihn.

Wenden wir uns nun dem Programm zu. Ein gutes Programm erfüllt
nach weit verbreiteter Meinung folgende zwei Forderungen:

1.) Ein gutes Programm soll <u>wirkungsvoll</u> (effektiv) sein, d.h. es
    soll genau das tun, was man von ihm erwartet, insbesondere soll
    es nicht weniger tun und es soll auch nicht mehr tun.

Bekannt ist die Geschichte von dem Empfänger einer Rechnung über
DM 0.00, welche vom Computer angemahnt wurde.

2.) Ein gutes Programm soll <u>wirtschaftlich</u> (effizient) sein, d.h.
    es soll so schnell ablaufen wie nur irgend möglich (time is
    money) und so wenig Speicherplatz belegen wie nur irgend mög-
    lich (core is money).

Wer hat sich nicht schon darüber gefreut, daß er dem vorgelegten
Algorithmus durch raffinierte Programmiertricks drei Mikrosekunden
pro Durchlauf abgetrotzt und dabei noch fünf Speicherplätze eingespart hat?

Diese Formulierung läßt erwarten, daß ich - der Autor - nicht ganz
dieser Meinung bin. Ich gestehe, daß ich jene Erfolgserlebnisse
gehabt habe. Ich bekenne aber auch, daß ich habe umlernen müssen
und jetzt einen anderen Standpunkt einnehme.

Was hat mich dazu bewogen? Die Antwort ist einfach: Erfahrungen
mit den eigenen Programmen und Erfahrungen anderer, die sich in
Vorträgen und Veröffentlichungen niedergeschlagen haben.

Es zeigt sich, daß die Kosten, die ein Programm verursacht, weniger
in der Programmierung als in seiner Wartung, Erweiterung und Änderung liegen. Kosten sind u.a. die eigene Arbeitszeit, d.h. die
Qual der Fehlersuche und die Plagen nachträglicher Programm-Ände-
rungen, verursacht durch neue Forderungen, etwa des Auftraggebers.
Wir alle kennen das.

Verschiedene Untersuchungen weisen - unabhängig voneinander - folgende (ungefähren) Zahlen für die <u>Kosten eines Programms</u> aus:

Analyse und Planung	10 %
Codierung und Test	10 %
Implementierung	10 %
Wartung, Pflege, Erweiterungen	70 %

Oder anders ausgedrückt: Von den Gesamtkosten, die ein Programm
verursacht, entfallen weniger als ein Drittel auf die Entwicklung
bis hin zur Implementierung; den Löwenanteil der Kosten jedoch
verschlingen laufende Programmpflege und nachträgliche Änderungen.
Ich erinnere in diesem Zusammenhang nur an den ungeheueren Aufwand,
den man zur Pflege eines Betriebssystems treiben muß.

Daß Ähnliches auch für technisch-naturwissenschaftliche Probleme
gilt, wird jeder bestätigen können, der ein gegebenes, etwa von
auswärts bezogenes Programm auf eine leicht abgewandelte Aufgabe
anwenden mußte.

Wenn wir also die Kosten für das Produkt der Programmierung, das
Programm nämlich, senken und - was gleichbedeutend damit ist - uns
die Arbeit erleichtern wollen, müssen wir an die Dinge n a c h
der Programmierung denken!

Wir kommen damit zu weiteren Forderungen an ein gutes Programm, die
nach heutiger Meinung gewichtiger sind als die "alten", zuvor genannten:

3.) Ein gutes Programm soll zuverlässig sein, d.h. alle nur erdenk-
lichen Fehler, die verursacht sein können sowohl durch falsche
Anwendung als auch durch falsche Daten, sollen im Programm
selbst abgefangen, analysiert und abgewiesen werden; das Programm soll sich gegen Mißbrauch wehren können.

4.) Ein gutes Programm soll wartungsfreundlich sein, d.h. leicht zu
ändern und leicht zu korrigieren, vor allem auch von anderen
Personen als dem Programm-Autor selber! Das Programm soll also
leicht lesbar sein.

5.) Ein gutes Programm soll benutzerfreundlich sein, d.h. der Benutzer sollte in der Lage sein, das Programm anwenden zu können,
ohne zusätzliche Informationen (vom Programm-Autor gar?!) einholen zu müssen, nur anhand der Programmbeschreibung allein;
die Arbeit mit dem Programm sollte so einfach wie möglich sein.

Vom Standpunkt des Anwenders aus können wir die letzten beiden Forderungen so deuten: Ein gutes Programm sollte auch ohne die heilen-
de Hand des Programm-Autors lebendig bleiben können.

Joseph Weizenbaum [53] spricht in diesem Zusammenhang vom Computer-
fetischisten, dem "zwanghaften Programmierer". Er "ist gewöhnlich
ein brillanter Techniker", der auf den Computer fixiert ist und
nicht auf das Problem, daher sind seine Programme zwar von höchstem
Raffinement, aber weder wartungs- noch benutzerfreundlich. "Deshalb kann es soweit kommen, daß ein Rechenzentrum sich auf ihn verlassen muß, wenn es um die ... Systeme geht, die er geschrieben hat
und deren Struktur er allein versteht. Seine Stellung gleicht der
eines Bankangestellten, der zwar nicht viel für die Bank tut, aber
als einziger die Kombination des Tresorschlosses kennt und nur deshalb nicht entlassen wird".

Als Gegenpol sieht Weizenbaum den "Berufsprogrammierer", den Fachmann, "der lediglich hoch motiviert ist". "Der Fachmann betrachtet das Programmieren als Mittel und nicht als Selbstzweck. Seine
Befriedigung bezieht er aus der Lösung eines inhaltlichen Problems
und nicht daraus, dem Computer seinen Willen aufgezwungen zu haben".

In jedem von uns steckt etwas von einem zwanghaften Programmierer.
Wir sollten jedoch immer darauf achten, daß der Fachmann in uns die
Oberhand behält. Hierzu soll dieses Buch einen Beitrag leisten und
auch dazu, daß uns die Lust am Programmieren dabei nicht vergehe,
sondern - im Gegenteil - sich steigere, nämlich zur schöpferischen
Freiheit im Entwerfen komplexer Strukturen auf einer höheren Ebene.

Kehren wir zum Anfang zurück: Da sitzt unser Mensch immer noch vor
seinem Blatt Papier, den Bleistift in der Hand; er blickt zum Fen-
ster hinaus und überlegt.

Plötzlich richtet er sich auf, schreibt mit fliegender Hand erste
Programmzeilen auf, so die ihn bedrängenden Einfälle festhaltend.
Diesen ersten Anweisungen folgen bald weitere, es entstehen auf
dem Papier Speicherbereiche, Prozeduren. Das Programm nimmt an
Umfang zu, viele Blätter sind schon beschrieben, aber es gedeiht
nicht so recht, denn es wuchert wie Unkraut in einem ungepflegten
Gemüsegarten.

Hier meldet sich wieder der Autor mit dem Geständnis, anfangs auch
so vorgegangen zu sein. Was also sollen wir anders machen?

Die Einfälle, die uns zur gestellten Aufgabe kommen, sollten wir
durchaus zu Papier bringen, aber nicht in Programmstücken, sondern
in Worten! Wir sollten es mit G. E. Lessing halten, der feststell-
te, daß den "Gedanken, die man sich nur zu h a b e n begnügt,
ohne ihnen durch den Ausdruck die nöthige Präcision zu geben ...
noch sehr viel zu einem Buche" fehle. Wir sollten also, bevor wir
mit dem eigentlichen Programmieren beginnen, im Sinne Lessings ausführlich und gewissenhaft aufschreiben:

- Was soll das Programm leisten? Konkret: wie sehen die <u>Ausga-
  bedaten</u> aus? Aber auch: wie soll das Programm auf Fehler re-
  agieren? Reagiert es auf a l l e Fehler?

- Welches sind die Voraussetzungen für das Programm, also: wie
  sehen die <u>Eingabedaten</u> aus? Werden diese mißtrauisch genug
  überprüft?

- Wie sollen die Daten manipuliert werden, d.h. welcher <u>Algorith-
  mus</u> soll verwendet werden?

Diese drei Fragen, genauer: Fragenkomplexe, müssen bis ins Kleinste
auseinandergenommen und in wohlgesetzte Worte und Sätze, auch Tabellen und grafische Darstellungen, gekleidet werden. Man nennt dieses so entstehende Papier mitunter <u>Pflichtenheft</u>. Wie das Pflichtenheft im einzelnen aussieht, ist dabei von untergeordneter Bedeutung und hängt natürlich stark von der Aufgabenstellung und deren
Umfang ab. Ein Pflichtenheft kann aus einer oder wenigen DIN-A-4-
Seiten bestehen, es kann aber auch ein dicker Aktenordner voller
Unterlagen sein.

Bei der Formulierung des Pflichtenheftes dürfen wir natürlich das
Programmieren durchaus im Hinterkopf bereithalten, aber wir sollten
äußerste Disziplin walten und uns nicht in Versuchung führen lassen,
denn den verbal formulierten Entwurf des Pflichtenheftes müssen wir
mit unserem Auftraggeber diskutieren, b e v o r wir ans Programmieren gehen. Bei diesem Dialog zwischen Auftraggeber und Programmierer stellt sich nämlich sehr bald heraus, daß auch jener viele
Gedanken nur zu haben sich begnügt hatte... So zwingen wir ihn,

seinen Gedanken "durch den Ausdruck die nöthige Präcision zu geben", d.h. seinen Auftrag klar, eindeutig und ausführlich zu formulieren. Erst wenn a l l e s restlos geklärt ist und keine Frage mehr offen bleibt, dürfen wir mit dem Programmieren beginnen. Geben wir dem zwanghaften Programmierer in uns zu früh nach, müssen wir die an dieser Stelle scheinbar eingesparte Zeit zu einem späteren Termin, um ein Vielfaches vermehrt, aufbringen, um die - jetzt noch vermeidbaren - Versäumnisse nachzuholen.

Der geschilderte Sachverhalt wiegt besonders schwer, wenn Auftraggeber und Programmierer ein und dieselbe Person sind!

Wie sollen wir nun im einzelnen vorgehen, wenn wir vor dem leeren Blatt Papier sitzen und uns die Einfälle bedrängen? Die folgenden Seiten versuchen Antworten darauf zu geben:

In den ersten vier Kapiteln lernen wir Methoden und Werkzeuge kennen, die für unsere Arbeit von Bedeutung sind (ein Blick aufs Inhaltsverzeichnis gibt über Einzelheiten Aufschluß), sie werden aber nur insoweit vorgestellt und erklärt, als deren Kenntnis für das praktische Programmieren von Bedeutung ist, insonderheit wird auf Beweise und nähere Begründungen verzichtet: der interessierte Leser möge sich an die angegebenen Literaturstellen halten. Im fünften Kapitel wollen wir dann anhand eines nicht-trivialen Beispiels das Gelesene im Zusammenhang erproben.

Bevor wir uns auf die Einzelheiten stürzen, möchte ich einen Satz von Weizenbaum wiedergeben, welcher als allgemeine Regel für das Programmieren in der Praxis anzusehen ist: "Oft besteht der einzige Weg, darüber nachzudenken, wie ein Computer eine bestimmte Aufgabe lösen könnte, in der Frage, wie ein Mensch das machen würde".

In diesem Sinne muß ich denjenigen Leser enttäuschen, der von mir Kochrezepte erwartet, welche er nur mechanisch anzuwenden braucht, um sein Programmragout zu bereiten. Dieses Buch ist mit der Absicht geschrieben, den Programmierer zu bewegen, über sein Tun nachzudenken. Neue Einsichten über die eigene Arbeit bringen bessere Ergebnisse hervor, bessere Programme. Und das ist es ja, was wir wollen.

1. Neuere Programmiermethoden

> Wenige schreiben, wie ein Architekt baut,
> der zuvor seinen Plan entworfen und bis
> ins einzelne durchdacht hat; vielmehr die
> meisten nur so, wie man Domino spielt.
> Kaum daß sie ungefähr wissen, welche Ge-
> stalt im ganzen herauskommen wird, und wo
> das alles hinaus soll. Viele wissen selbst
> dies nicht, sondern schreiben, wie die Ko-
> rallenpolypen bauen. Periode fügt sich an
> Periode, und es geht, wohin Gott will.
>
> Schopenhauer

1968 erreichte die sog. <u>Software-Krise</u> ihren Höhepunkt: Im Oktober dieses Jahres trafen sich viele bedeutende Computer-Wissenschaftler in Garmisch-Partenkirchen zu einer Konferenz unter dem inzwischen zum festen Begriff gewordenen Motto "<u>Software Engineering</u>". E. W. Dijkstra erinnert sich:

"Die düstere Atmosphäre des Jüngsten Gerichts hing über dieser Konferenz und belastete einige Teilnehmer schwer; sie verließen die Tagungsstätte in tiefer Depression. Die Mehrheit jedoch ging mit einem Gefühl der Erleichterung nach Hause, einige gar in einem Zustand euphorischer Erregung: hatte man doch schließlich zugegeben, daß wir nicht wissen, wie man gute Programme schreibt. ... Jahrelang hat uns gequält, daß als Folge von Programmerweiterungen die Fehler unkontrolliert wuchern. ... Genau auf dieser Konferenz in Garmisch-Partenkirchen hat sich das Klima gewandelt. Jetzt, fast eine Dekade später, können wir feststellen, ...: es war wirklich der Wendepunkt in der Geschichte der Programmierung. Seit dieser Konferenz ist Programmieren nicht mehr das, was es vorher war."

Was nun ist Programmieren heute? Weder eine Kunst noch eine Geheimwissenschaft, sondern eine dem ingenieurmäßigen Konstruieren verwandte Tätigkeit.

Aufgrund dieser neuen Einstellung zum Programmieren bildeten sich in den folgenden Jahren verschiedene Methoden heraus, die helfen wollen, die Software-Krise zu überwinden, also Methoden, die angeben, wie man gute Programme schreibt, d.h. Programme, die zuverlässig, wartungsfreundlich und benutzerfreundlich sind - und möglichst auch fehlerfrei(!). Als wichtigste dieser Methoden hat

sich die Strukturierte Programmierung in ihren verschiedenen Ausprägungen erwiesen; daneben sind noch die Normierte Programmierung
und die Modulare Programmierung zu nennen, die wir aber nicht als
Gegensätze zur Strukturierten Programmierung sehen dürfen, sondern
diese ergänzen..

Daneben befaßt man sich immer intensiver mit dem Problem, die Korrektheit von Programmen zu beweisen; einer praktikablen Lösung
aber ist man noch nicht näher gekommen.

1.1 Strukturierte Programmierung

Wir wollen ein gutes Programm schreiben, also eines, das übersicht-
lich ist und gut lesbar, dessen logische Pfade man leicht durchwan-
dern kann und das keine Tricks enthält, sondern sich aus lauter einfachen Grundstrukturen zusammensetzt. Das Ziel unserer Bemühungen
ist also das Strukturierte Programm. Wie wir dahin kommen, will
uns die Strukturierte Programmierung sagen. Ihre wichtigsten Kennzeichen sind:

- Aufgabenlösung durch schrittweise Verfeinerung oder Top-Down-
  Design.

- Zusammensetzung des Programms aus (elementaren) Strukturblöcken,
  auch Eigenprogramme genannt.

- Weitgehende Vermeidung von GO TO Anweisungen.

Hilfsmittel dazu sind:

- Pseudocode, auch Entwurfssprache genannt,
- Struktogramme,
- HIPO = Hierarchy plus Input-Process-Output.

Wir wissen: Der komplizierte Ablauf der Vorgänge in einem Computer
läßt sich auf drei logische Grundoperationen zurückführen: Konjunk-
tion, Disjunktion und Negation (AND, OR und NOT). Alle Informationen in einem Computer bestehen nur aus Nullen und Einsen. In Analo-
gie dazu fordern wir: Ein gutes, ein strukturiertes Programm sollte sich nur aus einigen wenigen fundamentalen, aber einfachen Grundstrukturen zusammensetzen. C. Böhm und G. Jacopini [4] haben (an-

hand von Ablaufdiagrammen) bewiesen, daß man jeden Algorithmus, der
in einem Computer ablaufen kann, mittels der drei Grundstrukturen
"Reihung", "Auswahl" und "Wiederholung" darstellen kann. Damit ist
eine wichtige Grundlage für die Strukturierte Programmierung ge-
schaffen.

1.1.1   Ablaufstrukturen

1.1.1.1 Strukturblöcke

Bevor wir auf die Methodik der Strukturierten Programmierung näher
eingehen, d.h. auf die Empfehlungen, w i e man überhaupt anfängt,
wollen wir uns als ordentliche Arbeiter zu Beginn das benötigte
Werkzeug griffbereit zurechtlegen. Wir brauchen für unsere Arbeit
den Pseudocode, das Struktogramm und HIPO. Zuerst aber müssen wir
den Werkstoff untersuchen, aus dem wir unser Werkstück fertigen wollen, nämlich die Bausteine eines strukturierten Programms, die
Strukturblöcke:

Ein Strukturblock ist ein in sich geschlossenes Programm (Eigenpro-
gramm); er wird durch einen Programm-Modul, eine Prozedur, einen
Programm-Abschnitt, auch eine Anweisung, ja mitunter sogar durch
einen einzigen Assembler-Befehl[*]) wiedergegeben und hat folgende
Eigenschaften:

Ein Strukturblock

- hat genau einen Eingang und genau einen Ausgang,

- ist entweder vollständig in einem anderen Strukturblock enthalten oder enthält andere Strukturblöcke vollständig (teilweise
  Überlappung ist nicht erlaubt),

- erhält die Kontrolle von seinem oberen Nachbarn und gibt sie an
  den unteren Nachbarn weiter.

---

[*]) "AIN'T CVR WUNNERFUL - A WHOLE SUBROUTINE IN ONE INSTRUCTION"
(Ist CVR nicht wundervoll - eine ganze Subroutine in einem
einzigen Befehl) kommentierte am M. I. T. Anfang der 60er Jahre
ein Programmierer den Assemblerbefehl CVR in Zelle 12755
eines umfangreichen Programmsystems für die IBM 7090.

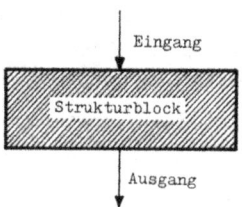

Fig. 1: Darstellung eines Strukturblockes.

Die bildliche Darstellung eines Strukturblockes (Fig. 1) erinnert
an das klassische EVA-Prinzip der Datenverarbeitung:

Eingabe ——▶ Verarbeitung ——▶ Ausgabe

d.h. ein Programm bekommt Eingabedaten angeboten, verarbeitet sie
und liefert die daraus gewonnenen Ausgabedaten ab. Dies gilt auch
für Strukturblöcke, nur muß man bei fortschreitender Verfeinerung
den Begriff Eingabedaten bzw. Ausgabedaten verallgemeinern: denn
besteht ein Strukturblock z.B. nur noch aus einer einzigen Anweisung (etwa MOVE X TO Y), so sind hier unter "Daten" auch Programm-
zustände zu verstehen: der Zustand vor dem MOVE und der Zustand
danach.

Mathematisch formuliert kann man das Funkionale der (Daten-) Verarbeitung auch so aufschreiben:

$$a = f(e);$$

in Worten: die Ausgabedaten sind eine Funktion der Eingabedaten.
Deswegen wollen wir ab jetzt in formalisierten Darstellungen einen
Strukturblock mit f bzw. f_j bezeichnen, denn in ihm wird eine
Funktion ausgeführt, welche Daten bzw. Zustände bearbeitet.

Wie C. Böhm und G. Jacopini [4] und später H. D. Mills [35] gezeigt
haben, sind die elementaren Grundstrukturen

- Komposition (Reihung): die Strukturblöcke werden der Reihe nach
  durchlaufen;

- Alternation (Auswahl): abhängig vom (logischen) Wert der Bedingung b wird der Strukturblock f_1 oder der Strukturblock
  f_2 durchlaufen;

- _Iteration_ (Wiederholung): solange die Bedingung b erfüllt
  ist, wird der Strukturblock f (wiederholt) durchlaufen.

Mit diesen elementaren Grundstrukturen lassen sich - wie bereits
gesagt - alle Algorithmen, die in einem Computer ablaufen können,
darstellen. Wir fordern ab jetzt, daß auch unsere Programme sich
nur noch aus diesen elementaren Grundstrukturen zusammensetzen
sollen.

1.1.1.2 Pseudocode

Um die Grundstrukturen besser handhaben zu können, bildet man aus
ihnen "Anweisungen", die dann zusammen den sog. Pseudocode bilden:

Im Pseudocode (Entwurfssprache) finden die Grundstrukturen ihren
verbalen Ausdruck: Jede Grundstruktur (Strukturblock) wird zu einer "Anweisung", als hätten wir eine Programmiersprache (Code) vor
uns, nur ist im Pseudocode die Syntax absichtlich nicht genau festgelegt, um Gedanken leicht und schnell aufschreiben zu können. Der
Pseudocode besteht u.a. aus folgenden Anweisungen:

- Komposition oder Sequenz (Reihung von Strukturblöcken bzw.
  Anweisungen);

- Alternation (Auswahl aus Strukturblöcken bzw. Anweisungen):
  - _if_ ... _then_ ... _else_ ... _fi_;
  - _if_ ... _then_ ... _fi_;
  - _case_ ... _of_ ...; ...; ...; ... ... _esac_;

- Iteration (Wiederholung oder Schleifenbildung):
  - _while_ ... _do_ ... _od_;
  - _do_ ... _until_ ... _od_;
  - _do forever_ ...; _exit if_ ...; ... _od_;

In die Lücken trägt man - je nachdem, wie weit man seine Gedanken
entwickelt hat - Textstücke in normaelm Deutsch oder schon Programm-
mieranweisungen ein, wie z.B. "Bandende gefunden" oder "n > 10".

Der besseren Lesbarkeit halber sollte jede Anweisung im Pseudocode
mit einem Semikolon abgeschlossen werden. Um das Ende einer Anweisung (also eines Strukturblockes) besonders deutlich zu machen, hat
es sich als zweckmäßig erwiesen, die Sprachelemente _fi_, _esac_ und
_od_ aus ALGOL 68 zu benutzen; man kann aber stattdessen auch

end if, end case und end do schreiben; die verbale Formulierung
des Pseudocodes ist nicht entscheidend. Ich habe hier nur angegeben,
wie ich es mache.

Mehrere Anweisungen können mit begin und end zu einem (Struk-
tur-) Block geklammert werden; ALGOL-, PASCAL- und PL/1-Program-
mierern ist dies Verfahren geläufig.

Einige Konventionen des Pseudocodes sind später noch nachzutragen;
sie sind an dieser Stelle entbehrlich, da sie nur Äußerlichkeiten
betreffen, wie Kommentare etc.; überdies sind Konventionen Abspra-
chen unter Beteiligten, können also geändert werden.

Nun wollen wir uns die Anweisungen des Pseudocodes im einzelnen ansehen. Neben die Ausführungen in Worten stelle ich eine figürli-
che, die sich an die gewohnte Darstellung nach DIN 66 001 anlehnt.
Später wollen wir andere grafische Methoden anwenden, da Ablaufdiagramme dem strukturierten Denken unnötige Schwierigkeiten in den
Weg legen. Um die Abgeschlossenheit eines Strukturblockes bildlich
zu betonen, habe ich die Ablaufdiagramme in Kästchen eingeschlossen, als könnte man in die "black boxes" hineinschauen.

Die Komposition oder Sequenz (Reihung) ist eine Folge von Strukturblöcken, wie sie jedem Programmierer als lineare Folge von Anweisungen geläufig ist:

$$f_1;$$
$$f_2;$$
$$\vdots$$
$$f_n;$$

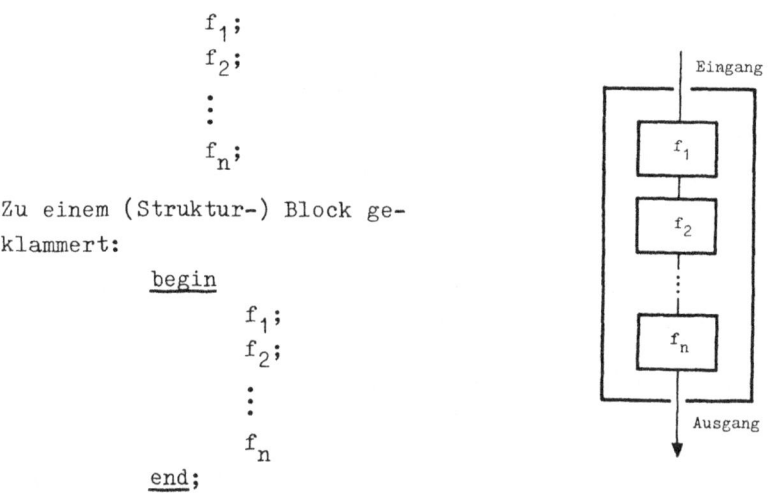

Zu einem (Struktur-) Block geklammert:

    begin
$$f_1;$$
$$f_2;$$
$$\vdots$$
$$f_n$$
  end;

Vgl. Fig. 2.

Fig. 2: Reihung.

Die Alternation ist eine Auswahl aus angebotenen Möglichkeiten (möglichen Programmpfaden); hat man nur eine Wahl, spricht man auch von einer bedingten Anweisung, bei zwei Möglichkeiten von der alternativen Anweisung und bei mehreren von Fallunterscheidung.

Die Grundform der Alternation ist die alternative Anweisung:

$$\begin{array}{ll} \underline{if} & b \\ & \underline{then} \quad f_1; \\ & \underline{else} \quad f_2 \\ \underline{fi}; & \end{array}$$

b ist eine Bedingung, die entweder wahr oder falsch sein kann. Vgl. Fig. 3.

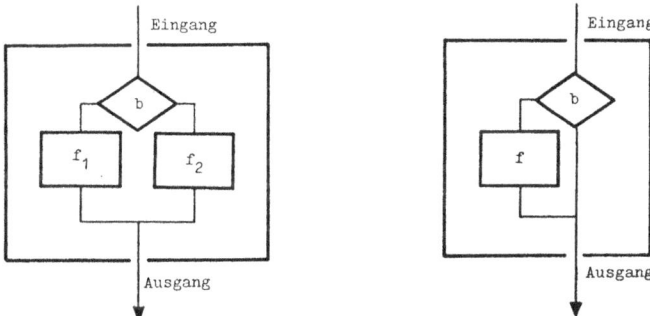

Fig. 3: Alternative Anweisung.   Fig. 4: Bedingte Anweisung.

Einer der beiden Strukturblöcke darf auch leer sein. Dann reduziert sich die alternative auf die bedingte Anweisung:

$$\begin{array}{ll} \underline{if} & b \\ & \underline{then} \quad f \\ \underline{fi}; & \end{array}$$

Vgl. Fig. 4.

Die Fallunterscheidung stellt eine Erweiterung der alternativen Anweisung dar: die Bedingung kann nicht nur zwei Werte annehmen, nämlich wahr und falsch, sondern mehr als zwei; demgemäß gibt es auch mehr als zwei Strukturblöcke, die ausgewählt werden. Gesteuert wird dieser Prozeß durch die sog. Fallvariable v :

Nimmt v den Wert v_1 an, so wird f_1 durchlaufen,
nimmt v den Wert v_2 an, so wird f_2 durchlaufen,

usf., bis

nimmt v den Wert v_n an, so wird f_n durchlaufen.

Im Pseudocode wird dies üblicherweise folgendermaßen aufgeschrieben:

```
case  v  of                        case  v  of
   v₁:  f₁;                            v₁:  f₁;
   v₂:  f₂;                            v₂:  f₂;
      ⋮                                   ⋮
   vₙ:  fₙ                             vₙ:  fₙ;
esac;                               sonst: Fehler
                                   esac;
```

Vgl. Fig. 5.

Es hängt von der Aufgabe ab, ob man den Fehlerfall mit in die case-Anweisung aufnimmt oder nicht.

Die Fallunterscheidung ist eine abgekürzte Schreibweise für eine Schachtelung alternativer Anweisungen:

```
if  v = v₁
   then  f₁
   else  if  v = v₂
            then  f₂
            else  if  v = v₃
                     then  f₃
                     else  ...
                              else if  v = vₙ
                                 then  fₙ
                                 else  Fehler
                              fi;
                     ...
            fi;
   fi;
fi;
```

Versuchen Sie einmal, dies streng nach DIN 66 001 aufzuzeichnen!

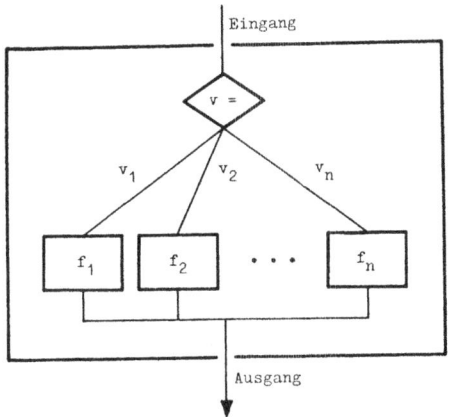

Fig. 5:   Fallunterscheidung.

Mit <u>Iteration</u> (Wiederholung) wird die jedem Programmierer geläufige
Schleifenbildung bezeichnet. Man unterscheidet im Pseudocode drei
Varianten dieser Grundstruktur:

<u>Variante 1:</u>   <u>while</u> b
                                    <u>do</u>
                                            f
                                    <u>od</u>;

d.h. die Abfrage wird v o r der Bearbeitung von f ausgeführt;
f muß nicht unbedingt durchlaufen werden, daher nennt man diese
Variante auch die <u>abweisende Schleife</u>. Vgl. Fig. 6.

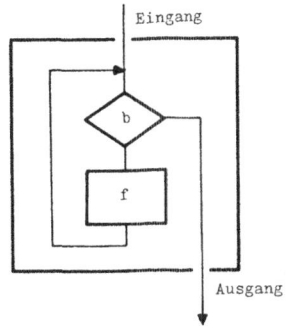

Fig. 6:   Abweisende Schleife (<u>while do</u>).

Variante 2:   <u>do</u>

                                             f

                                       <u>until</u> b

                                    <u>od</u>;

d.h. die Abfrage wird   n a c h   der Bearbeitung von   f   ausgeführt;
f wird wenigstens einmal durchlaufen, daher nennt man diese Variante auch die <u>nicht abweisende Schleife</u>. Vgl. Fig. 7.

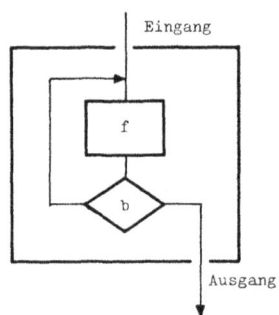

Fig. 7:   Nicht abweisende Schleife (<u>do</u> <u>until</u>).

Variante 3:   <u>do</u> <u>forever</u>
                                            f_1;
                                         <u>exit</u> <u>if</u> b;
                                            f_2
                                    <u>od</u>;

d.h. die Abfrage wird in der Mitte der Schleife **ausgeführt**, der
Teilblock f_1 wird auf jeden **Fall durchlaufen**. Diese Variante
nennt man auch <u>Zyklus</u>. Vgl Fig. 8.

Beispiel: Es sollen Lochkarten eingelesen und verarbeitet werden,
bis das Ende des Kartenstapels erreicht ist. Im Pseudocode sieht
das folgendermaßen aus:

                         <u>do</u> <u>forever</u>
                            Lochkarte einlesen;
                            <u>exit</u> <u>if</u> Datenende gefunden;
                            Lochkartenverarbeitung
                         <u>od</u>;

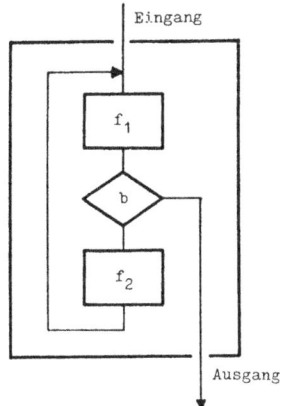

Fig. 8: Zyklus (do forever).

Der Strukturblock "Lochkartenverarbeitung" weiter verfeinert (Abfrage nach Kartenart KA):

```
if  Kartenart  KA  unzulässig
    then  Fehlermeldung
    else  case  KA  of
              KA1:  Datensatz löschen;
              KA2:  Datensatz einfügen;
              KA3:  Datensatz ändern
          esac;
fi;
```

Schreiben Sie den ganzen Programmabschnitt im Pseudocode auf und versuchen Sie ihn nach DIN 66 001 aufzuzeichnen!

1.1.1.3   Struktogramme

Wenn Sie Ihre Skizze betrachten, werden Sie fragen, ob es nicht Mittel gebe, die Zusammenhänge der Strukturblöcke untereinander besser grafisch darzustellen. Dies leisten die sog. Struktogramme, wie sie I. Nassi und B. Shneiderman zuerst angegeben haben. Ein Struktogramm ist - um es kurz zu sagen - ein Strukturblock, wiedergegeben als Rechteck, welches in weitere Rechtecke (Strukturblöcke) untergliedert ist nach Regeln, die wir uns jetzt anschauen wollen.

Charakteristisch für ein Struktogramm ist - im Gegensatz zu einem
Ablaufdiagramm nach DIN 66 001 - das völlige Fehlen von Verbindungs-
linien (Pfeilen); die einzelnen Blöcke "kleben" im Struktogramm an-
einander. Außerdem bestehen - auch im Gegensatz zu DIN - keine Vorschriften bezüglich der Proportionen; die einzelnen (Teil-) Rechtecke können den individuellen Bedürfnissen angepaßt werden.

Die nachfolgend aufgeführten Bausteine eines Struktogramms sind
weitgehend selbsterklärend, vor allem in Bezug auf die korrespon-
dierenden Figuren 2 bis 8.

Die Reihung wird durch Aneinanderfügung von Rechtecken (Strukturblöcken bzw. Struktogrammen) dargestellt. Vgl. Fig 9 und analog
dazu Fig. 2. Die geklammerte Reihung als Struktogramm gibt Fig. 10
wieder.

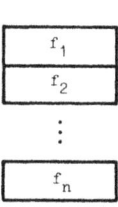

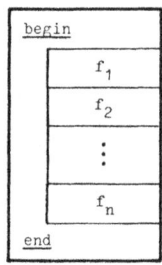

Fig. 9: Reihung.   Fig. 10: Geklammerte
                                      Reihung.

Die alternative Anweisung

$$\text{if} \ b \ \underline{\text{then}} \ f_1 \ \underline{\text{else}} \ f_2 \ \underline{\text{fi}};$$

teilt das vorgegebene Rechteck (Strukturblock = Struktogramm) weitgehend selbsterklärend so auf, wie in Fig. 11 angegeben. Der Aufbau des Strukturblocks zeigt deutlich, wie die beiden inneren Strukturblöcke von der Bedingung b abhängen; daher nennt man f_1
auch den Then-Block und f_2 den Else-Block. Vgl. auch Fig. 3.

Die bedingte Anweisung

$$\text{if} \ b \ \underline{\text{then}} \ f \ \underline{\text{fi}};$$

stellt sich in Fig. 12 als Variante der alternativen Anweisung dar:
der Else-Block ist leer. Vgl. auch Fig. 4.

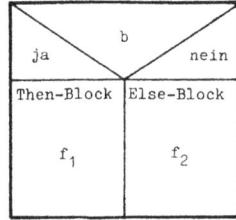   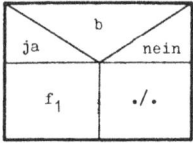

Fig. 11:   Alternative   Fig. 12:   Bedingte
           Anweisung.   Anweisung.

Beachten Sie, daß Sie in Fig. 12 den "leeren Strukturblock" nicht
weglassen dürfen, weil dann die Eindeutigkeit verloren geht (wie
geht's weiter, falls b den Wert falsch annimmt?). Den (leeren)
Else-Block ohne Text o.ä. zu lassen, ist unzweckmäßig (habe ich
etwas vergessen einzutragen?); gut bewährt hat sich eine Kennzeichnung mit "./.".

Die Fallunterscheidung drückt Fig. 13 grafisch aus. Vgl. auch
Fig. 5.

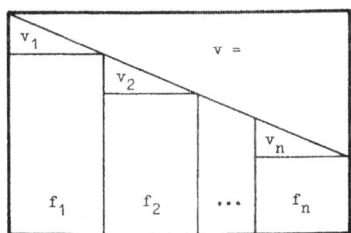

Fig. 13:   Fallunterscheidung.

Fig. 14 (auf der nächsten Seite) zeigt die Fallunterscheidung als
Schachtelung alternativer Anweisungen (vgl. S. 22).

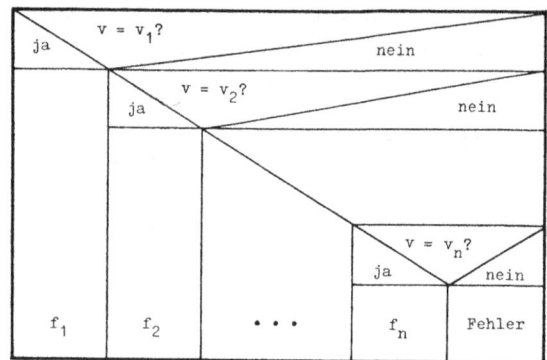

Fig. 14:   Fallunterscheidung als Schachtelung
           alternativer Anweisungen.

Die Schleifenbildungen finden als Struktogramme einen grafischen
Ausdruck, der sehr leicht mit erklärendem Text gefüllt werden kann.

Die abweisende Schleife

$$\underline{\text{while}} \quad b \quad \underline{\text{do}} \quad f \quad \underline{\text{od}};$$

zeigt Fig. 15 (vgl. auch Fig. 6).

Die nicht abweisende Schleife

$$\underline{\text{do}} \quad f \quad \underline{\text{until}} \quad b \quad \underline{\text{od}};$$

zeigt Fig. 16 (vgl. auch Fig. 7).

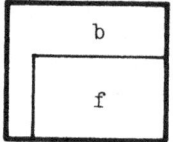   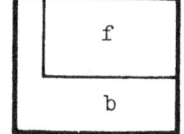

Fig. 15: Abweisende   Fig. 16: Nicht abweisende
          Schleife.   Schleife.

Der Zyklus, d.h. die "endlose Schleife"

$$\underline{do} \ \underline{forever} \quad f_1,$$
$$\underline{exit} \ \underline{if} \quad b, \quad f_2, \quad \underline{od};$$

findet in Fig. 17 ihren Ausdruck (vgl. auch Fig. 8).

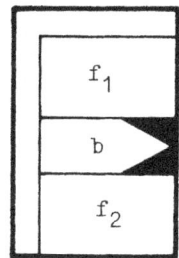

Fig. 17: Zyklus.

In Fig. 18 finden Sie die Lochkartenaufgabe aus dem vorigen Abschnitt als Struktogramm. Erkennen Sie den Pseudocode wieder?

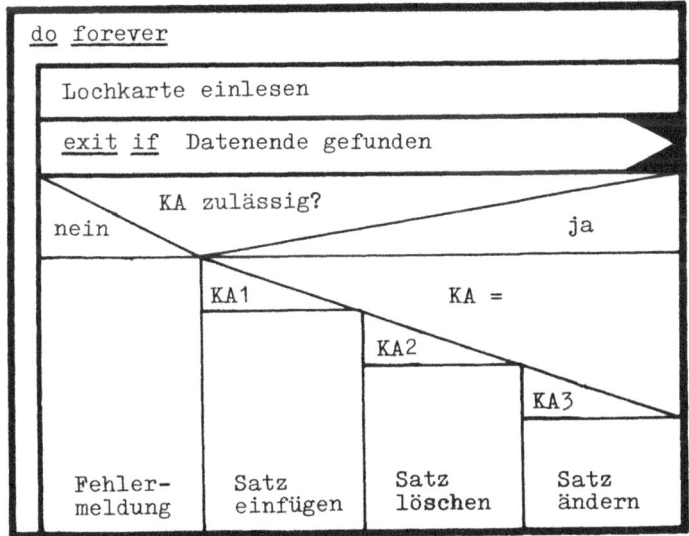

Fig. 18: Lochkartenverarbeitung.

1.1.1.4   <u>HIPO</u>

HIPO = "<u>H</u>ierarchy plus <u>I</u>nput-<u>P</u>rocess-<u>O</u>utput" ist eine von IBM ent-
wickelte "Funktionsdokumentation" und wird "als eine Design-Hilfe
und Dokumentationstechnik eingesetzt" [27]. Der erste Teil - Hierarchie - ist im wesentlichen eine Variante der Modularen Programmierung (vgl. Abschnitt 1.2). Mit dem zweiten, dem wichtigeren
Teil wollen wir uns jetzt beschäftigen. Er illustriert das EVA-
Prinzip der Datenverarbeitung als <u>HIPO-Diagramm</u> in Gestalt von drei
nebeneinanderliegenden Rechtecken, wie es in Fig. 19 dargestellt
ist. In beiden Datenteilen - mit Input und Output bezeichnet -
verwendet man die bekannten Symbole zur Darstellung der Datenträger. Im mittleren Teil - mit Process bezeichnet - schreibt man in
Worten (evtl. in Kästchen eingeschlossen) die prozeduralen Teile
der Verarbeitung auf. Den Zusammenhang zwischen den Elementen in
den Rechtecken stellen Pfeile her.

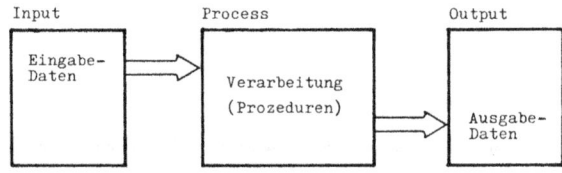

Fig. 19:   Prinzip eines HIPO-Diagramms.

In Fig. 20 ist unsere Lochkartenaufgabe von Fig. 18 als HIPO-Diagramm wiedergegeben.

Wenn Sie die Figuren 18 und 20 vergleichen, werden Sie einen wich-
tigen Unterschied feststellen: Das Struktogramm von Fig. 18 drückt
die Programmlogik aus; das HIPO-Diagramm von Fig. 20 dagegen das
Funktionelle, den Zusammenhang zwischen Daten und Prozeduren, d.h.
wie aus den Eingabedaten die Ausgabedaten werden.

Bei HIPO-Diagrammen unterscheidet man Übersichtsdiagramme von Detaildiagrammen, wobei man sich beim Entwurf von Detaildiagrammen
nicht so sehr in Einzelheiten verlieren sollte, denn HIPO-Diagramme
sind keine Flußdiagramme, die für die Codierung jede Kleinigkeit,
u.U. jede Programmieranweisung bereitstellen.

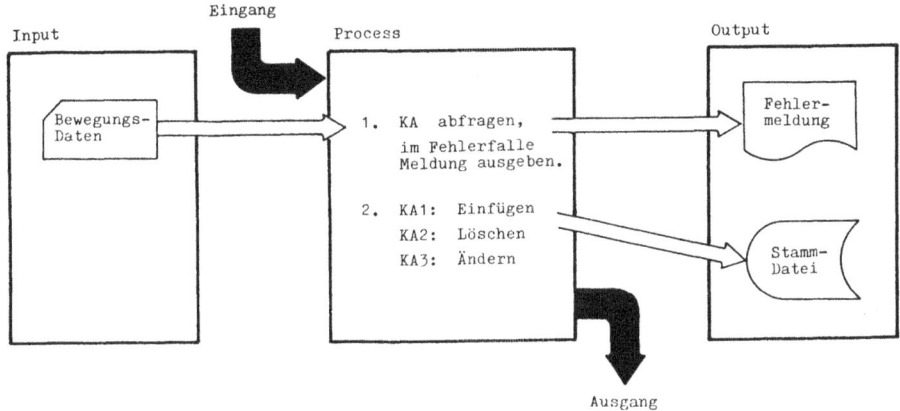

Fig. 20:   Lochkartenverarbeitung.

Wie schon für den Pseudocode ist auch die Syntax von HIPO nicht bis
ins letzte festgelegt; sie kann besonderen Aufgaben und individuellen Gewohnheiten angepaßt werden. In der zitierten Broschüre
empfiehlt IBM den Anwendern von HIPO, sich untereinander vor Beginn
ihrer Arbeit abzusprechen: "Jede Installation sollte daher ihre
eigenen HIPO-Konventionen entwickeln".

Zu jedem HIPO-Diagramm gehört noch ein zweites Blatt, welches die
"Erweiterte Beschreibung" enthält, worin man in Worten die symboli-
schen Darstellungen des Diagramms ergänzt und erläutert (sie jedoch
nicht noch einmal verbal wiederholt). Zu Fig. 20 gehören in die
Erweiterte Beschreibung etwa Bemerkungen, daß es sich bei dem Diagramm um die Bearbeitung einer Lochkarte innerhalb eines Zyklus
handelt, daß bezüglich der drei Verarbeitungsschritte "Einfügen",
"Löschen" und "Ändern" auf andere Detaildiagramme verwiesen wird
(mit genaueren Angaben, welche, etc.), usf.

Eine wichtige Erfahrung beim Entwurf von HIPO-Diagrammen besagt,
daß man stets mit der Festlegung der Ausgabe beginnen sollte. Dies
leuchtet unmittelbar ein, wenn Sie bedenken, daß die erste Beschäf-
tigung mit einem Programm sofort auf die Frage führt, was es leistet, also welche Daten das Programm erzeugt. Erst nach der Festlegung der Ausgabedaten bearbeitet man die Eingabedaten, gleichzeitig mit den zugehörigen Verarbeitungsschritten.

1.1.1.5   Schrittweise Verfeinerung

Die Werkzeuge für die Strukturierte Programmierung haben wir uns
zurecht gelegt, jetzt beginnen wir mit der Arbeit, dem Entwurf des
Programms, ausgehend von der Aufgabenstellung. Wir fragen also
nach der Methode, dem "Weg hin zur" Lösung.

"Program Development by Stepwise Refinement" ist die Überschrift
der vielzitierten Arbeit von N. Wirth [55], worin das Verfahren der
Schrittweisen Verfeinerung, die dem Top-Down-Design entspricht, an
einem Beispiel, dem 8-Königinnen-Problem, demonstriert wird. Ich
folge dieser Anregung, wähle allerdings ein einfacheres Beispiel.

Eine interessante psychologische Begründung für dieses Verfahren
der Schrittweisen Verfeinerung gibt D. Frost an [17].

Unsere Aufgabe laute (erste Formulierung, also die Idee):

> Eine n-zeilige, quadratische, symmetrische Matrix ist
> platzsparend abzuspeichern, d.h. die redundanten (dop-
> pelt vorhandenen) Matrixelemente sollen weggelassen
> werden; m.a.W.: wir bilden die Elemente der Matrix
> auf die Elemente eines Vektors ab.

Die Symmetriebedingung lautet bekanntlich:

$$\text{MATRIX}_{ik} = \text{MATRIX}_{ki}$$

Wir speichern demnach nur eines der beiden "Dreiecke" ab, zuzüglich der n Elemente der Hauptdiagonalen. Wir notieren:

Größe der Matrix   = n^2 Elemente, aber

Größe des Vektors = $\frac{1}{2}(n+1)n$ Elemente (also fast die Hälfte).

Der Sachverhalt wird in Fig. 21 angedeutet (n = 4; die Matrixelemente sind durch ihre Indizes dargestellt).

Nach diesen Vorüberlegungen überarbeiten wir die Formulierung der
Aufgabe:

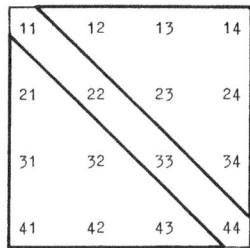

Fig. 21: Aufbau einer 4-reihigen Matrix.

Gesucht ist ein Verfahren, eine Prozedur, bei der man
so tun kann, als würde man - wie gewöhnlich - auf ein
Matrixelement zugreifen, in Wahrheit aber erhält man
ein Vektorelement.

Dies leistet offenbar eine Funktionsprozedur, denn die Formel, mit
der man aus den Indizes i und k des Matrixelementes den Index
des zugehörigen Vektorelementes berechnet, lautet (für das "untere
Dreieck"):

$$j \quad = \quad f(i,k) \quad = \quad \frac{i(i-1)}{2} + k.$$

Wir überlegen weiter: Unser Ziel ist ein zuverlässiges Programm,
d.h. ein Programm, "das sich gegen Mißbrauch wehrt". Wir müssen
also die Indizes überprüfen und falsch versorgte Aufrufe abweisen.
Wir veranlassen daher die Prozedur, einen Fehlercode IFEHL auszugeben, an dem das rufende Programm erkennen kann, welche Grenze
verletzt ist. Die Prozedur gibt also zwei Werte aus: j und
IFEHL; eine Funktion (etwa im FORTRAN-Sinne) ist daher nicht ange-
bracht.

Daneben benötigen wir ein Testprogramm.

Wir formulieren die Aufgabe erneut:

Aufgabe 1:   Eine n-zeilige, quadratische, symmetrische Matrix ist
             derart auf einen Vektor abzubilden, daß alle Matrix-
             elemente

$$[i,k] \quad = \quad [k,i] \qquad (\text{für } i \neq k)$$

             nur einmal vorkommen. Um diese Abbildung zu realisie-
             ren, ist eine Prozedur INDEX zu schreiben, die aus
             den Indizes i und k der Matrix den Index j des
             Vektors berechnet; zusätzlich soll ein Fehlercode

IFEHL ausgegeben werden. Die Bedeutung des Fehlercodes sei folgendermaßen festgelegt:

IFEHL = 0: Alles in Ordnung;

IFEHL = 1: Erster Index $i < 1$;

IFEHL = 2: Zweiter Index $k < 1$;

IFEHL = 3: Erster Index $i >$ GRENZE;

IFEHL = 4: Zweiter Index $k >$ GRENZE;

IFEHL = 5: Beide Indizes, i und k , verletzen
die Grenzbedingungen.

Im Fehlerfalle soll j den Wert 1 erhalten.

Die Randbedingungen für die Indizes ergeben sich aus:

$i,k \geq 1$, weil die Indizes einer Matrix üblicherweise mit
1 beginnen.

$i,k <$ GRENZE, mit

$$\text{GRENZE} = \sqrt{\text{verfügbarer Arbeitsspeicherplatz}}$$

Ein realistischer Wert für eine mittelgroße Maschine dürfte etwa
bei GRENZE = 300 liegen.

Aufgabe 2: Es ist ein Testprogramm für die Prozedur INDEX zu
schreiben, das folgende Teilaufgaben löst:

1.) Füllen einer 200-zeiligen (symmetrischen)
Matrix mit den Elementen

$$\text{MATRIX}_{ik} = i * 1000 + k$$

unter Verwendung von INDEX, also abgespeichert
in einem Vektor der Länge 20 100.

Diese Teilaufgabe soll später für Zeitmessungen
verwendet werden, denn die Prozedur INDEX wird
$200 * 200 = 40\ 000$ mal aufgerufen.

2.) Ausgabe einer 10-zeiligen Testmatrix, d.h. Auswahl aus der Matrix im 20er-Raster.

Es ist nicht nötig, alle 40 000 Matrixelemente
auszudrucken; ein systematisch ausgewählter Teil
genügt, um zu sehen, ob die Aufgabe richtig gelöst ist.

3.) Test des Fehlercodes.

Wir nehmen uns zuerst Aufgabe 1 vor und zeichnen ein kleines HIPO-
Diagramm (Fig. 22).

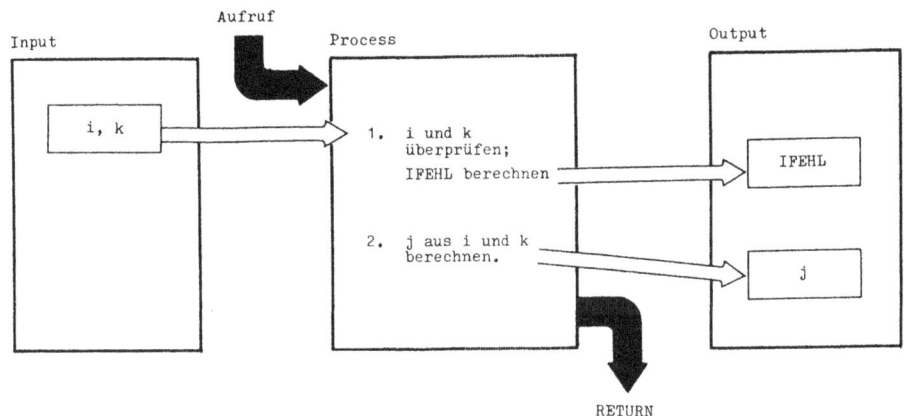

Fig. 22: HIPO-Diagramm der Prozedur INDEX.

Der Anblick dieses Bildes inspiriert uns zu einem ersten Versuch,
die Aufgabe 1 im Pseudocode zu formulieren:

        Vorbesetzung von IFEHL;

        if i und k verletzen die Grenzen
            then Fehlerfall: IFEHL berechnen
            else Normalfall: j berechnen
        fi;

Dies stellt eine erste (schriftliche) Fixierung der Aufgabe im Hinblick auf die Programmierung dar, also die ersten Überlegungen des
Programmierers. Bitte tun Sie das nicht - wie allgemein üblich -
nur im Kopf, sondern gleich in Worten, d.h. im Pseudocode (denken
Sie dabei an Lessing und die "Gedanken, die man sich nur zu h a -
b e n begnügt ...."!).

Wir schauen uns jetzt die "Grenzverletzungen" genauer an, überlegen, wie wir einerseits IFEHL und andererseits j berechnen. Damit kommen wir zur zweiten Stufe der Verfeinerung. In dem nachfolgenden Stück Pseudocode sind Kommentare beigefügt, nach dem Vorbild

der Programmiersprache PASCAL in geschweifte Klammern eingeschlossen, eine der Konventionen für den Pseudocode.

```
        IFEHL := 0;

        if  i ≤ 0  oder  i > GRENZE  oder
            k ≤ 0  oder  k > GRENZE
            then  {Fehlerfall}
                 begin
                       Fehleranalyse;
                       IFEHL berechnen;
                       j := 1
                 end;
            else  {Normalfall}
                 begin
                       if  Element im oberen Dreieck
                           then  Indizes umspeichern
                       fi;
                       j berechnen
                 end;
        fi;
```

Dies ergibt folgendes Struktogramm (Fig. 23):

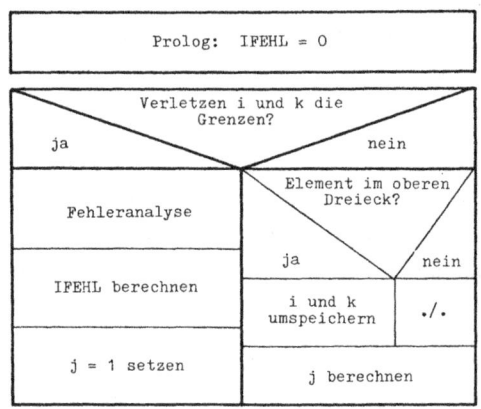

Fig. 23: Struktogramm der Prozedur INDEX.

An dieser Stelle halten wir zunächst einmal inne und rekapitulie-
ren: Wir haben - bei dieser einfachen Aufgabe relativ schnell -
einen respektablen Entwurfszustand erreicht, den wir jetzt noch
einmal, und zwar aus formaler Sicht, betrachten wollen:

Den Strukturblock INDEX, das Unterprogramm, teilen wir in eine Sequenz von zwei Strukturblöcken f_1 und f_2 auf. Den Strukturblock f_2 untergliedern wir weiter mittels einer Alternation in
f_{21} und f_{22} . Und so fahren wir fort, wobei die Anzahl der Indizes von f mit jedem Schritt der Verfeinerung um 1 zunimmt, die
Anzahl dieser Indizes also die Tiefe der Verfeinerung angibt. Man
nennt diese Verfeinerungsschichten auch <u>Semantische Ebenen</u>. Wenn
wir den Namen des zu verfeinernden Strukturblocks jeweils als Marke (Label) an den linken Rand schreiben, vom nachfolgenden Text
durch einen Doppelpunkt abgetrennt, und wenn die Zeichen "*]" hinter einem Strukturblock angeben, daß dieser Strukturblock nicht
weiter verfeinert zu werden braucht (wir können ihn unmittelbar codieren), dann stellt sich formal die Verfeinerung der Aufgabe 1
jetzt folgendermaßen dar:

<u>Semantische Ebene 0:</u> INDEX: f_1;
                                     f_2;

<u>Semantische Ebene 1:</u> f_1: f_1;   *]

                         f_2:   <u>if</u> b_2
                                          <u>then</u> f_{21}
                                          <u>else</u> f_{22}
                                   <u>fi</u>;

<u>Semantische Ebene 2:</u> f_{21}: f_{211};   *]
                                   f_{212};   *]
                                   f_{213};   *]

                         f_{22}: f_{221};
                                   f_{222};   *]

<u>Semantische Ebene 3:</u> f_{221}: <u>if</u> b_{221}
                                          <u>then</u> f_{2211} *]
                                   <u>fi</u>;

Die Verwendung von Marken in diesem Zusammenhang ist eine weitere
Konvention im Pseudocode. Bitte beachten Sie, daß diese Marken
keine Sprungziele sind, sie sind Überschriften!

Den gleichen Vorgang können wir auch als eine Folge von Struktogrammen ansehen, die auseinander hervorgehen. Fig. 24 gibt dies
wieder:

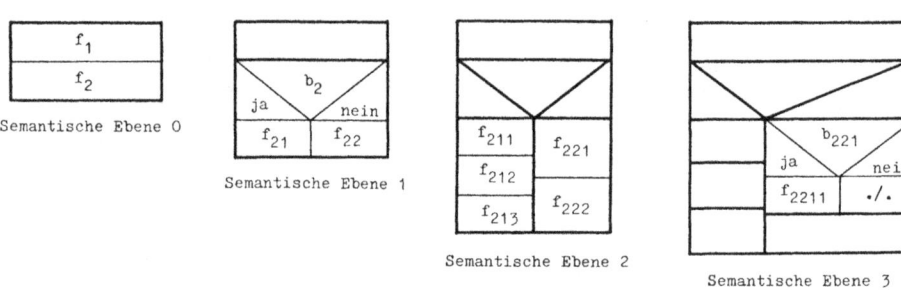

Fig. 24: Schrittweise Verfeinerung als Folge von Struktogrammen.

Diese formale Betrachtung macht den Prozeß der Verfeinerung bewuß-
ter. Ein großes Programmsystem, das von einem Team konstruiert
wird, verlangt ein derart formales Vorgehen, die Programmierer des
Teams müssen sich genau danach richten. Der "Einzelkämpfer" dagegen braucht in der Regel diesen Formalismus nur im Hinterkopf zu
haben.

Kehren wir zu unserer Aufgabe zurück und betrachten den augenblick-
lichen Stand der Verfeinerung. Die Strukturblöcke f_{211} (Fehleranalyse) und f_{212} (IFEHL berechnen) bedürfen sicherlich einer
genaueren Untersuchung, während b_{221} und f_{2211} keine Schwierigkeiten bereiten:

$$b_{221}: \qquad i < k; \qquad \text{(vgl. Fig. 21)}$$

$$f_{2211}: \qquad i \text{ mit } k \text{ vertauschen;}$$

Anmerkung: Es muß auf jeden Fall verhindert werden, daß unsere
            Prozedur INDEX beim Aufruf irgendwelche Nebenwirkungen
            zeigt! Wir sagten bei der Aufgabenstellung - ohne es
            explizit auszusprechen - , daß die Indizes i und k

<u>Eingabeparameter</u> sind; das bedeutet: <u>sie dürfen keinesfalls verändert werden</u>! in f_{2211} werden sie aber verändert, nämlich vertauscht!

Die Abhilfe - und das gilt für alle ähnlichen Fälle - ist ganz einfach:

Eingabewerte, die in die Verarbeitung einbezogen sind, muß man unbedingt "retten", d.h. umspeichern in Arbeitszellen bzw. Arbeitsfelder.

Für uns heißt das, wir müssen f_{221} umschreiben in

f_{221}:   <u>if</u> b_{221}
                   <u>then</u> f_{2211}
                   <u>else</u> f_{2212}
             <u>fi</u>;

bzw.

f_{221}:   <u>if</u> i < k
                   <u>then</u> kk := i sowie ii := k
                   <u>else</u> kk := k sowie ii := i
             <u>fi</u>;

Bitte beachten Sie, daß sich damit auch die Struktogramme von Fig. 23 und 24 ändern: der leere Strukturblock "./." wird gefüllt.

Ich verzichte auf die Korrektur der Bilder. Im Gegensatz zu manch anderem Autor halte ich persönlich nicht viel von Struktogrammen oder gar Flußdiagrammen, obwohl ich stark visuell veranlagt bin. Sie sind mühsam zu zeichnen und haben mir bei meiner Arbeit so gut wie nie geholfen; zum Entwurf von Programmen benutze ich sie nicht. Für viel wesentlicher halte ich die klare Struktur des Entwurfs und eine saubere Niederschrift. Mehr darüber in Kapitel 3.

Wir kommen nun zur Fehleranalyse, die ein etwas komplizierteres Abfrageschema enthält. Wenn wir diesen Strukturblock einfach "drauflos" hinschreiben, die Indizes der Reihe nach abfragend, stellen wir fest, daß dies nicht zum gewünschten Ziele führt, was ein Schreibtischtest schnell ergibt. In derartigen Fällen arbei-

tet man gern mit Entscheidungstabellen, worauf ich später zu sprechen komme. Bei unserem Beispiel können wir die Bedingungen,
sprich Konstellationen der Indizes, wegen ihrer Systematik als lo-
gisches Baum-Schema aufschreiben, mit i beginnend:

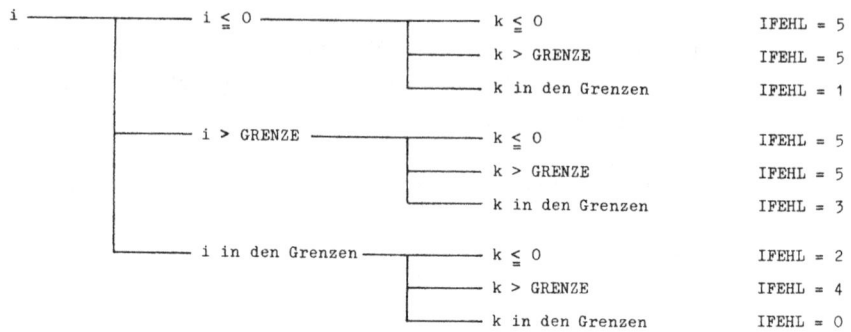

Wir beobachten, daß die Abfragezeilen für k dreimal vorkommen.
Hier drängt sich der Gedanke auf, die drei Abfragekaskaden derart
ineinander zu verweben, daß sie im Ablauf schneller werden. Dieser Versuchung müssen wir widerstehen *). Klarheit und Übersichtlichkeit haben immer Vorrang vor Schnelligkeit im Ablauf! Etwas
anderes ist es, die Strukturblöcke f_{221} (Fehleranalyse) und
f_{212} (IFEHL berechnen) zu einem Block zusammenzufassen, was sich
beim Stand unserer Überlegungen von selbst ergibt.

Jetzt können wir die Aufgabe im Pseudocode so detailliert aufschreiben, daß wir nun wirklich ans Codieren gehen können (Sie
finden das Programm auf der gegenüberliegenden Seite).

Die Lösung der Aufgabe 1 habe ich breit vor Ihnen entwickelt, bei
der Lösung der zweiten Aufgabe darf ich mich daher kurz fassen.

Eine erste Gliederung (Sequenz) ergibt gemäß Aufgabenstellung:

(Fortsetzung S. 42)

---

*) Um es genau zu wissen, habe ich der Versuchung nachgegeben:
   es zeigte sich, daß die "Verbesserung" nicht schneller, sondern sogar um 7 % langsamer war als das Original!

```
INDEX:

f₁:  IFEHL := 0;

f₂:  if  i ≦ 0  oder  i > GRENZE  oder
         k ≦ 0  oder  k > GRENZE
         then  {Fehlerfall}
               begin
                     if  i ≦ 0
                         then
                               if  k ≦ 0  oder  k > GRENZE
                                   then  IFEHL := 5
                                   else  IFEHL := 1
                               fi;
                         else
                               if  i > GRENZE
                                   then
                                         if  k ≦ 0  oder
                                             k > GRENZE
                                             then  IFEHL := 5
                                             else  IFEHL := 3
                                         fi;
                                   else  {i liegt in den Grenzen}
                                         if  k ≦ 0
                                             then  IFEHL := 2
                                             else  IFEHL := 4
                                         fi;
                               fi;
                     fi;
                     j := 1
               end;
         else  {Normalfall}
               begin
                     if  i < k
                         then  kk := i  sowie  ii := k    {oberes Dreieck}
                         else  kk := k  sowie  ii := i    {unteres Dreieck}
                     fi;
                     j := ii * (ii - 1) / 2  +  kk
               end;
     fi;
```

f_1:   Füllen der Matrix;

f_2:   Ausgabe der Testmatrix;

f_3:   Test des Fehlercodes;

Wenn Sie sich Gedanken über einen ersten Entwurf der Verfeinerung
machen, werden Sie feststellen, daß die Fehlerauswertung (Auswer-
tung von IFEHL) in allen drei Strukturblöcken f_1 , f_2 und f_3
vorkommt. Als nicht unerfahrener Programmierer werden Sie diese
in eine Prozedur (Strukturblock f_4) ausgliedern.

Wir bemerken weiter, daß f_2 und f_3 nicht durchlaufen werden
dürfen, wenn vorher der Fehlerfall eingetreten ist. Warum diese
Sicherheitsmaßnahmen? Die Rahmenbedingungen sind doch so gewählt,
daß alles funktioniert! Gewiß, doch zunächst soll auch ein Testprogramm zuverlässig sein, sich gegen Mißbrauch wehren können, und
zum andern kann man mittels solcher Abfragen zusätzlich leicht
Fehler erkennen, die sich im Entstehungsprozeß einschleichen (auch
ein strukturiert entworfenes Programm ist anfangs fehlerhaft!),
und schließlich hat eine derartige Abfrage auf die Effizienz eines
Programmes keinen Einfluß.

Wir stellen fest, daß die oben angegebene Sequenz der Aufgabe
nicht ganz entspricht. Wir schreiben sie daher um:

f_1: Matrix füllen {liefert u.a. IFEHL};

f_2: <u>if</u> IFEHL = 0
     <u>then</u>
        <u>begin</u>
            Testmatrix ausgeben {liefert IFEHL};
            <u>if</u> IFEHL $\neq$ 0
                <u>then</u> Fehlerauswertung
                <u>else</u> Fehlercode testen
            <u>fi</u>;
        <u>end</u>;
     <u>else</u> Fehlerauswertung
  <u>fi</u>;

f_3: Endemeldung ausgeben;
    Programmende;

f_4: Prozedur Fehlerauswertung {Eingabeparameter: IFEHL,

Ausgabeparameter: Meldung, d.h.

Fehlertext

drucken}:

if IFEHL < 1 oder IFEHL > 5

then Meldung, daß IFEHL außerhalb des zugelassenen
Bereichs;

else

case IFEHL of

1: Meldung, daß $i \leqq 0$,

2: Meldung, daß $k \leqq 0$,

3: Meldung, daß $i >$ GRENZE,

4: Meldung, daß $k >$ GRENZE,

5: Meldung, daß beide Indizes Grenzen
verletzen

esac;

fi;

Der Strukturblock f_1 ausgeführt (die Ausgabe der Testmatrix
sieht ähnlich aus):

f_1: n := 200;

IFEHL := 0;

while $1 \leqq i \leqq n$ und $1 \leqq k \leqq n$ und IFEHL = 0

do

INDEX aufrufen {liefert j und IFEHL};

if IFEHL = 0

then Vektor [j] := i * 1000 + k

else Fehlerauswertung { f_4 aufrufen}

fi;

od {i und k};

Hier habe ich noch eine andere Konvention für den Pseudocode benutzt: Man schreibt gern (kurze) Kommentare hinter end, fi,
esac und od, hierdurch die "Schlußklammer" identifizierend, besonders wichtig bei hohen "Klammergebirgen".

Benutzt man nur die Grundstrukturen, wie sie auf S. 19 angegeben sind, dann existiert im Pseudocode keine Zählschliefe, wie die for-Anweisung in ALGOL oder PASCAL, oder die DO-Schleife in FORTRAN. Folgende Möglichkeiten zu ihrer Darstellung bieten sich dann an:

1.) Man benutzt while b do f od, wie oben angegeben, oder do f until b od. Die Bedingung b muß evtl. genau spezifiziert werden.

2.) Man führt die Laufanweisung explizit aus:

```
        i und k  beide gleich 1 setzen;
        while  i ≤ n
        do
              while  k ≤ n
              do
                    f;
                    k := k + 1;
              od  {k};
              i := i + 1;
        od  {i};
```

3.) "Und da verzichteten sie weise
        dann auf den letzten Teil der Reise" (Ringelnatz).

Man drückt den Sachverhalt verbal aus (etwa "die ersten 100 Elemente aufsummieren"), da das Innere einer Zählschleife in der Regel sowieso nur aus ein-zwei Zeilen besteht, die ein erfahrener Programmierer sofort hinschreibt, ohne lange zu überlegen.

Oder man erweitert den Pseudocode um eine Zählschleife in der Gestalt, wie man sie anzuwenden gewohnt ist.

Schreiben Sie nun das Testprogramm vollständig im Pseudocode auf!

1.1.1.6   Umsetzen von Pseudocode in gängige Programmiersprachen

Ein in Pseudocode vollständig niedergeschriebenes Programm läuft leider noch nicht auf einer der üblichen DV-Anlagen, der Programmierer muß noch Compiler spielen und den Pseudocode in eine der

gängigen Programmiersprachen umsetzen, von denen ich - in alphabeti-
scher Reihenfolge - ALGOL 60, COBOL, FORTRAN, PASCAL und PL/1 nenne.

Eine höhere Programmiersprache, wie eine der genannten, kann nicht
alle Hardware-Eigenschaften einer gegebenen Maschine ausnutzen,
einige Maschinenbefehle kommen im fertigen Objektprogramm nicht
vor. Dies muß nichts über die Güte des Übersetzers und die Wirk-
samkeit des erzeugten Codes aussagen.

Entsprechend verhält es sich mit dem Pseudocode und einer "COBOL-
Maschine" oder "FORTRAN-Maschine; auch der "übersetzte" Pseudocode
nutzt nicht alle Eigenschaften einer solchen "Maschine" aus, einige
Anweisungen der betreffenden Sprache kommen im fertigen Code nicht
vor. Programme, die aus dem Pseudocode in diese Sprache umgesetzt
werden, müssen deswegen nicht schlechter oder weniger wirksam sein
als solche, die gleich in dieser Sprache entworfen worden sind.

Nachfolgend gebe ich für dieses "Übersetzen" einige formale Hilfen
und Anregungen. Ich skizziere nur nicht-triviale Fälle, weil ich
davon ausgehen darf, daß erfahrene Programmierer - in "ihrer" Sprache zu Hause - die dargebotenen Gerippe mit Fleisch füllen werden.
Durch geschickte Formulierungen im Pseudocode kann man z.T. ungeschickte Konstrukte vermeiden. Ausführliche Vorschläge geben u.a.
[18, 42, 50].

Bei den Übersetzungshilfen benutze ich neben den bisher verwendeten Bezeichnungen noch l_j für Label (Marke, Anweisungsnummer,
Paragraphen-Name), da goto-Anweisungen nicht überall vermeidbar
sind.

Bedingte Anweisung:

$$\begin{array}{ll} & \underline{\text{if}} \quad b \\ l_1: & \underline{\text{then}} \quad f \\ l_2: & \underline{\text{fi}}; \end{array}$$

FORTRAN IV:	IF (.NOT. b) GO TO l_2
	f
l_2	CONTINUE

oder: IF (b) CALL f   (!)

Alternative Anweisung:

$$
\begin{array}{lll}
 & \underline{\text{if}} & b \\
l_1: & \underline{\text{then}} & f_1 \\
l_2: & \underline{\text{else}} & f_2 \\
l_3: & \underline{\text{fi}};
\end{array}
$$

FORTRAN IV:	
	IF (.NOT. b) GO TO l_2
	f_1
	GO TO l_3
l_2	f_2
l_3	CONTINUE

Fallunterscheidung:

$$
\begin{array}{lll}
 & \underline{\text{case}} \quad v \quad \underline{\text{of}} & \\
l_1: & v_1: & f_1, \\
l_2: & v_2: & f_2, \\
\vdots & \vdots & \\
l_n: & v_n: & f_n \\
l_{n+1}: & \underline{\text{esac}}; &
\end{array}
$$

ALGOL 60:	Geschachtelte $\underline{\text{if}}$-Anweisungen, wie auf Seite 22 angegeben.
COBOL:	GO TO l_1, l_2, ... , l_n DEPENDING ON v. Fehler. GO TO l_{n+1}.
	l_1.
	f_1. GO TO l_{n+1}.

```
            l₂.
                f₂.
                GO TO  l_{n+1}.

                    ⋮

            l_n.
                f_n.
                GO TO  l_{n+1}.

            l_{n+1}.
                EXIT.
```

FORTRAN:		
		GO TO $(l_1, l_2, \ldots , l_n)$, v
	l_1	f_1
		GO TO l_{n+1}
	l_2	f_2
		GO TO l_{n+1}
		⋮
	l_n	f_n
		GO TO l_{n+1}
	l_{n+1}	CONTINUE

Abweisende Schleife:

$$l_0: \quad \underline{\text{while}} \ b$$
$$l_1: \quad \underline{\text{do}} \ f$$
$$l_2: \quad \underline{\text{od}};$$

ALGOL:	l_0:	$\underline{\text{if}} \ \underline{\text{not}} \ b \ \underline{\text{then}} \ \underline{\text{goto}} \ l_2$;
		f;
		$\underline{\text{goto}} \ l_0$;
	l_2:	...
COBOL:		PERFORM f UNTIL b.

FORTRAN:	l_0 IF (.NOT. b) GO TO l_2
	            f
	         GO TO l_0
	
	l_2 CONTINUE
	
	Da die DO-Schleife bei den verschiedenen FORTRAN-Compilern nicht einheitlich definiert ist (bei IBM und UNIVAC z.B. als <u>do</u> <u>until</u>, bei CDC als <u>while</u> <u>do</u>), sollte man für die Übertragung der Schleifen des Pseudocodes nicht die DO-Anweisung benutzen.

PASCAL:	<u>while</u> b <u>do</u> f
PL/1:	DO WHILE (b); f; END;

Nicht abweisende Schleife:

$$l_0: \quad \underline{do} \ f$$
$$l_1: \qquad \underline{until} \ b$$
$$l_2: \quad \underline{od};$$

ALGOL:	$l_0:$ f; <u>if</u> <u>not</u> b <u>goto</u> l_0;
COBOL:	PERFORM f. PERFORM f UNTIL b.
FORTRAN:	l_0 f IF (.NOT. b) GO TO l_0
PASCAL:	<u>repeat</u> f <u>until</u> b
PL/1:	DO UNTIL (b); f; END;

Zyklus: do forever:

l_1: f_1,

                 exit if b,

l_2: f_2,

l_3:   od;

ALGOL	l_1: f_1; if b goto l_3; f_2; goto l_1; l_3: ... COBOL und FORTRAN analog.

PASCAL:	repeat f_1;
	    if not b
	       then f_2;
	 until b;
	
	 l_3: ...
	
	 Manche PASCAL-Compiler haben eine loop-Anweisung, die dem Zyklus entspricht.

PL/1:	DO WHILE ('1'B);
	   f_1;
	   IF b THEN GO TO l_3;
	   f_2;
	 END;
	 l_3: ...

Angesichts dieser Übersetzungshilfen wird deutlich, welche Sprache sich gut und welche sich weniger gut für die Strukturierte Programmierung zu eignen scheint. P. Schnupp zeigt in seinem Vortrag "Ist COBOL unsterblich?" [43], daß es gar nicht so sehr auf die Zielsprache ankommt, ob ein Programm "gut" ist, sondern auf die saubere Struktur des Entwurfs. Man kann in PASCAL unübersichtliche, verworrene und unlesbare Programme schreiben, deren bester Aufbewahrungsort der Papierkorb ist, während es in FORTRAN vorbildlich

strukturierte Programme gibt. Und das merkwürdige dabei ist, daß
es gar nicht viel Mühe kostet, ein FORTRAN-Programm in dieser Weise zu schreiben - ich spreche da aus eigener Erfahrung - , man muß
es nur wollen (vgl. auch [15])! Hilfsmittel dafür stelle ich in
Kapitel 3 vor.

Als Beispiel für ein nach obigen "Regeln" übersetztes Stück Pseudocode füge ich den Prozedurteil der Subroutine INDEX an:

```
C
      IFEHL = 0
C
      IF (I .GT. 0  .AND.  I .LE. GRENZE  .AND.
     [    K .GT. 0  .AND.  K .LE. GRENZE) THEN
C
C  - - - Normal-Fall - - -
         IF (I .LE. K) THEN
C            oberes Dreieck:
            KK = I
            II = K
         ELSE
C            unteres Dreieck:
            KK = K
            II = I
         END IF
         J = II * (II - 1) / 2 + KK
      ELSE
C
C  - - - Fehler-Fall - - -
         IF (I .LE. 0) THEN
            IF (K .LE. 0  .OR.  K .GT. GRENZE) THEN
               IFEHL = 5
            ELSE
               IFEHL = 1
            END IF
         ELSE
C            i > 0
            IF (I .GT. GRENZE) THEN
               IF (K .LE. 0  .OR.  K .GT. GRENZE) THEN
                  IFEHL = 5
               ELSE
                  IFEHL = 3
               END IF
            ELSE
C               i liegt in den Grenzen
               IF (K .LE. 0) THEN
                  IFEHL = 2
               ELSE
                  IFEHL = 4
               END IF
            END IF
         END IF
         J = 1
      END IF
C
      RETURN
      END
```

Dieser Programmausschnitt ist in FORTRAN 77 geschrieben und gibt
den Pseudocode von S. 41 gut wieder, nur ist jetzt die erste Frage
positiv formuliert. Wie der gleiche Ausschnitt in FORTRAN IV aussieht, finden Sie auf S. 90.

Codieren Sie die Prozeduren INDEX, "Fehlerauswertung" und das Testprogramm in der Ihnen geläufigen Sprache und prüfen Sie deren Rich-
tigkeit durch einen Programmlauf nach.

1.1.2   Datenstrukturen

Über den Entwurf schöner Ablaufstrukturen sollten wir nicht vergessen, daß wir D a t e n verarbeiten: am wichtigsten ist letztlich
das, was beim Ganzen herauskommt. Vor allem bei technisch-wissen-
schaftlichen Aufgaben denkt man häufig nicht daran, die Gestaltung
der Daten beim Programmentwurf mit einzubeziehen, was sich auf die
Ablaufstrukturen auswirkt.

Wenn wir ein Programm entwerfen, top-down, durch Schrittweise Verfeinerung, müssen wir nicht nur die Abläufe und Prozeduren im Auge
behalten, sondern gleichzeitig auch die Objekte, worauf diese Prozeduren angesetzt werden. Diese - die Daten - strukturieren und
verfeinern wir in analoger Weise. Bevor ich jedoch darauf ein-
gehe, sehen wir uns die Daten etwas genauer an:

1.1.2.1 Attribute

Allen Daten werden Attribute zugesprochen, also Eigenschaften, die
diese Daten haben. Wichtige Attribute sind u.a.:

- Typ,
- Wertebereich,
- Gültigkeitsbereich.

Wir kennen die Standardtypen, welche die Programmiersprachen zur
Verfügung stellen:

      - integer,

      - real   (einschließlich der FORTRAN-Typen
                          COMPLEX und DOUBLE PRECISION),

      - boolean   (LOGICAL),

      - character   (Zeichen).

Diese Typen sind durch die Hardware bedingt; das äußert sich auch
in ihren Wertebereichen:

- integer: Die größte (und kleinste) Zahl, die dargestellt
                 werden kann, hängt von der Wortlänge des verwen-
                 deten Computers ab.

- real: Hier gibt es zwei "Freiheitsgrade", an die Grenzen
                 zu stoßen: erstens die Anzahl der gültigen Dezi-
                 malen (Länge der Mantisse) und zweitens den Expo-
                 nentenbereich (Größenordnung der Zahl).

- boolean: Es gibt bekanntlich nur zwei Werte; unterschied-
                 lich ist die physikalische Darstellung auf dem
                 Datenträger bzw. in der Maschine.

- character: Zur Darstellung eines Zeichens werden im allge-
                 meinen

                      6 Bit   (BCD, o.ä.),
                      7 Bit   (ASCII, ISO, o.ä.),
                      8 Bit   (EBCDIC, o.ä.)

                 benutzt, was den Zeichenvorrat entsprechend be-
                 grenzt (64, 128 und 256 mögliche Zeichen).
                 Nicht alle Zeichen können zur Darstellung von Da-
                 ten verwendet werden, weil es auch Datenübertra-
                 gungs- und Steuerzeichen gibt, wie "Beginn der
                 Datenübertragung", "Textende", "Vorschub auf die
                 nächste Seite"; weitere Einschränkungen erzwin-
                 gen periphere Geräte, vor allem Drucker und Ter-
                 minals (Zeilenlänge, Zeichenvorrat).

Wenn wir beginnen, ein Programm zu entwerfen, betrachten wir die
Daten anfangs nur vom Problem her; welche Einschränkungen uns sowohl Typ als auch Wertebereich auferlegen, bleibt an dieser Stelle
des Entwurfsprozesses noch offen. Um dies deutlich zu machen,
kann man zunächst beliebige Datentypen mit entsprechenden Wertebereichen einführen. In PASCAL benutzt man skalare Typen (Abzähl-
typen), die eine geordnete Menge bilden. Zwei Beispiele in PASCAL-
Schreibweise:

      type Farbe = (rot, orange, gelb, gruen, blau, violett);

      type Stand = (ledig, verheiratet, verwitwet, geschieden);

Der PASCAL-Compiler bildet solche Datentypen auf integer-Zahlen ab.

Wie wir selber diese Datentypen dann realisieren, interessiert zunächst nicht, sondern bleibt tieferen Semantischen Ebenen vorbehalten. Wir sagen dann auch, der logische Wertebereich, den das Problem bestimmt, unterschiedet sich vom physikalischen Wertebereich
(der Standardtypen), also von der technischen Realisation.

Wenn wir diesen Gedanken konsequent weiterdenken, kommen wir zu
den sog. Abstrakten Datentypen, mit denen wir uns weiter unten
noch beschäftigen werden.

Beim Gültigkeitsbereich der Daten unterscheidet man den statischen
(sozusagen räumlichen) vom dynamischen (zeitlichen). Unterschied-
liche statische Gültigkeitsbereiche haben lokal und global defi-
nierte Daten, etwa in blockorientierten Sprachen, wie ALGOL,
PASCAL und PL/1: erstere gelten nur innerhalb eines Blockes,
letztere im ganzen Programm. FORTRAN kennt lokale Daten in Unterprogrammen, globale in COMMON-Bereichen (BLOCK DATA); COBOL kennt
nur globale Daten.

In PASCAL kennt man neben den statischen auch dynamische Gültigkeitsbereiche für Daten, z.B. bei verketteten Listen. Die Datenstrukturen dehnen sich während des Programmlaufs aus und können genauso wieder verschwinden.

1.1.2.2   Strukturen

Wir kommen zum eigentlichen Thema dieses Abschnitts, der Struktur
der Daten. Dazu schreiben P. Schnupp und C. Floyd [42]: "Das
Wort Datenstruktur wird in der Literatur oft auch oder sogar aus-
schließlich für dynamisch veränderliche Datenaggregate (wie Listen
und Bäume) verwendet. Die Autoren möchten sich diesem Gebrauch
nicht anschließen. Structura heißt Bau, und dynamisch veränderliche Bauwerke sind ihnen unbehaglich. Deshalb sollen hier nur
statische Datenaggregate (wie records und arrays) als Datenstrukturen bezeichnet werden". Dynamische Datenaggregate werden u.a.
von H. Maurer [32] und N. Wirth [57] behandelt.

Die Sprache PASCAL hat N. Wirth [29] mit dem erklärten Ziel entworfen, daß sie neben ausgefeilten Ablaufstrukturen auch entsprechende Datenstrukturen enthalte. Pascal kennt folgende vier Da-

tenstrukturen, die auch den meisten praktischen Anwendungen genügen:

- array   (Vektor, Matrix),
- record   (Verbund, Satz),
- set   (Menge),
- file   (Datei).

Die array-Struktur gibt es in allen gängigen Sprachen und ist allgemein bekannt: Die Daten eines arrays müssen alle denselben Typ
haben, man greift zu ihnen über Indizes zu, die das Resultat einer
integer-Rechnung sein können.

Die record-Struktur ist explizit in COBOL und PL/1 enthalten, und
natürlich in PASCAL, wenngleich in anderer Schreibweise. Die Elemente eines solchen Verbundes, auch Satz genannt, dürfen verschiedenen Typs sein und selbst wieder untergliedert.

An der record-Struktur kann man die Schrittweise Verfeinerung von
Datenstrukturen schön aufzeigen: Anfangs hat man es - um in einem
Beispiel zu bleiben - nur mit Kunden zu tun. Der Programmentwurf
wird verfeinert, nun interessieren Namen und Anschrift des Kunden,
sowie die Kunden-Nummer. Schließlich werden auch diese noch untergliedert, etwa um Rechnungen auszudrucken, so daß man zur Struktur von Fig. 25 kommt:

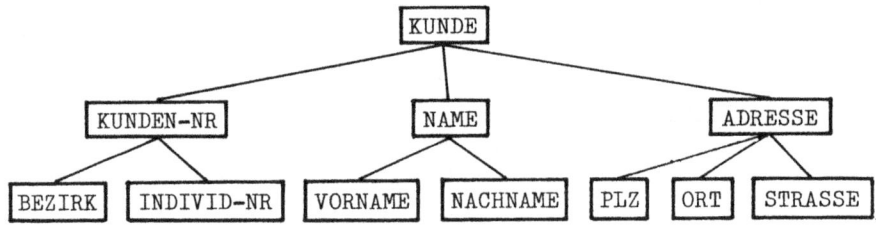

Fig. 25: Beispiel einer Datenstruktur.

In COBOL (und PL/1) schreibt man das wie folgt auf; die drei
Pünktchen geben an, daß hier noch eine genauere Datenbeschreibung
folgt:

```
1   KUNDE.
    2   KUNDEN-NR.
        3   BEZIRK        ...
        3   INDIVID-NR    ...
    2   NAME.
        3   VORNAME       ...
        3   NACHNAME      ...
    2   ADRESSE.
        3   PLZ           ...
        3   ORT           ...
        3   STRASSE       ...
```

Erst jetzt stellt sich die Frage nach der technischen Realisation
des Verbundes bzw. Satzes. In dem Beispiel setzt sich BEZIRK etwa
aus zwei Ziffern und INDIVID-NR aus fünf Ziffern zusammen, so daß
KUNDEN-NR sieben Ziffern lang ist.

Der Zugriff zum ganzen Satz oder zu Teilen daraus erfolgt durch
Nennung des betreffenden Bezeichners (Namens). Je nach Art der
Namensbildung und der verwendeten Sprachmittel genügt entweder der
einfache Bezeichner, oder man muß ihn "qualifiziert" benutzen, indem man den übergeordneten Namen (den übergeordneten Begriff!)
zusätzlich angibt. In COBOL sieht das so aus:

```
MOVE KUNDE TO   ...
```

bewegt den ganzen Satz, während

```
MOVE KUNDEN-NR TO   ...            (unqualifiziert),
MOVE KUNDEN-NR OF KUNDE TO   ...   (qualifiziert)
```

die erwähnten sieben Ziffern transportiert; nur zwei Ziffern betrifft

```
MOVE BEZIRK TO   ...                        (unqualifiziert),
MOVE BEZIRK OF KUNDE TO   ...               (qualifiziert),
MOVE BEZIRK OF KUNDEN-NR OF KUNDE TO   ...(qualifiziert).
```

Dasselbe in PL/1 (analog in PASCAL):

```
...   = KUNDE.KUNDEN_NR.BEZIRK;
```

FORTRAN-Programmierer müssen, um derartige Strukturen zustande zu
bringen, diese in Einzeldaten auflösen oder Zuflucht zu arrays nehmen, d.h. den Verbund oder Teile daraus auf eine Matrix abbilden.

Die set-Struktur gibt es nur in PASCAL. Da ihre Übertragung in andere Sprachen nicht-trivial ist, vor allem, wenn man an die zugehörigen Operationen denkt, möchte ich auf ihre Behandlung verzichten, bis auf den Hinweis, daß man die (endlichen!) Mengen auf "Bit-Leisten" abzubilden pflegt.

Die file-Struktur beschreibt die Zusammensetzung der Dateien (aus Sätzen); das ist allgemein bekannt, nur ist man sich dieser Tatsache meistens nicht bewußt. Unter file-Struktur versteht man nicht die organisatorische Seite der Angelegenheit, weil die Zusammenfassung von (Daten-) Sätzen zu Dateien Sache des Betriebssystems ist; unser Programm liefert nur die Sätze ab. Auch die Zugriffsverfahren - sequentiell, index-sequentiell oder wie auch immer - sind Obliegenheiten des Betriebssystems, der Programmierer wendet sie nur an. Eine andere Sache dagegen ist es, von der Aufgabenstellung herkommend, sich zu überlegen, welche file-Struktur dem Problem angemessen ist, d.h. wie die Sätze bzw. Satztypen in der Datei angeordnet sind (Reihenfolge!). Ein Beispiel dazu im nächsten Abschnitt.

1.1.2.3   Wechselwirkung zwischen Daten- und Ablaufstrukturen

Gewisse (zusammengesetzte) Datenstrukturen erinnern an entsprechende Ablaufstrukturen. Ich nenne zwei davon:

- Verkettung bzw. Wiederholung, also Schleife,
- Auswahl, also Alternation.

Verkettung von Datenfeldern, Unterstrukturen eines Verbundes etwa, die man auch Tabellen nennt, werden in COBOL mit

... OCCURS n TIMES

bzw. für Tabellen variabler Länge mit

... OCCURS n TO m TIMES; DEPENDING ON ...

am einsichtigsten beschrieben. In PL/1 verwendet man dazu einen Wiederholungsfaktor. Man kann diese Verkettungen mit der Ablaufstruktur

<u>do</u> ... <u>until</u> ... <u>od</u>;

vergleichen.

Bei <u>Alternationen</u> hat PASCAL die konsequenteste Haltung eingenommen, dargestellt anhand eines Beispiels (nach [29], Seite 45):

```
type  Stand = (ledig, verheiratet, verwitwet, geschieden);
      ...
      Person =
      record  ...  {Felder und Attribute, die allen Personen
                    gemeinsam sind, wie Name, Geburtstag, etc.}
              case  ST:  Stand of
                    ledig:          {Felder nur für Ledige};
                    verheiratet:    {Felder nur für Verheiratete};
                    verwitwet:      {Felder nur für Verwitwete};
                    geschieden:     {Felder nur für Geschiedene};
              end;
```

Das Datenelement (tag field) ST enthält den Wert von "Stand"; ST steuert die Interpretation dieses Verbund-Teiles: hat ST etwa den Wert "ledig", werden die betreffenden Datenfelder als für Ledige bestimmt aufgefaßt und interpretiert, es wird entsprechend darauf zugegriffen.

In dem Verbund "Person" überlagern sich sozusagen vier Teile:

gemeinsamer Teil	Ledigen-Teil
	Verheirateten-Teil
	Verwitweten-Teil
	Geschiedenen-Teil

In COBOL wird diese Überlappung folgendermaßen dargestellt:

```
1   PERSON.
    2   GEMEINSAM.
        3   ...   (Felder, die allen Personen gemeinsam sind).
        3   ...
            ...

    2   SPEZIAL-LEDIG.
        3   ...   (Felder nur für Ledige).
        3   ...
            ...

    2   SPEZIAL-VERH;   REDEFINES SPEZIAL-LEDIG.
        3   ...   (Felder nur für Verheiratete).
        3   ...
            ...

    2   SPEZIAL-VERW;   REDEFINES SPEZIAL-LEDIG.
        3   ...   (Felder nur für Verwitwete).
        3   ...
            ...

    2   SPEZIAL-GESCH;   REDEFINES SPEZIAL-LEDIG.
        3   ...   (Felder nur für Geschiedene).
        3   ...
            ...
```

Welches dieser Teilfelder angesprochen werden soll, wird nicht
durch den Wert einer Variablen gesteuert (wie in PASCAL), sondern
muß der Programmgestaltung überlassen werden, etwa durch

```
        IF VERHEIRATET;
        MOVE SPEZIAL-VERH TO  ...
```

Entdecken wir im Verlaufe der Programmentwicklung eine Ähnlichkeit
von Daten- und Ablaufstrukturen, so sollten wir dies ausnutzen und
in der Programmgestaltung darlegen, denn wir dürfen die beiden Teile nicht isoliert betrachten: wenn wir an der Ablaufstruktur arbeiten, müssen wir gleichzeitig auch an die Daten denken, und um-
gekehrt.

Sind wir bei der Verfeinerung, müssen wir in der Regel an verschiedenen Stellen unsere bisher aufgestellte Struktur umformen. Änderungen in der Ablaufstruktur werfen ihre Schatten auf die Daten-

strukturen: diese müssen wir daher entsprechend umgestalten, was wiederum Rückwirkungen auf die Abläufe haben kann.

Diese Wechselwirkung wird besonders deutlich, wenn wir Zusammenhänge zwischen Daten und Programmabläufen in HIPO-Diagrammen darstellen.

Ich möchte diese Wechselwirkungen zwischen Datenstruktur und Programmablauf an einem einfachen Beispiel zeigen:

Eine file-Struktur sei folgendermaßen gebildet:

        KOPFSATZ;
        Datensätze;
        SCHLUSSATZ;

Der Block "Datensätze" besteht aus keinem, einem oder mehreren Sätzen DATENSATZ (also Sätzen gleichen Typs). Die korrespondierende Ablaufstruktur ist dann:

        KOPFSATZ lesen und verarbeiten;
        while Datensätze vorhanden
        do
            DATENSATZ lesen und verarbeiten
        od;
        SCHLUSSATZ lesen und verarbeiten;

Sie werden nun sagen, dies sei überaus trivial. Der Einwand ist sicherlich richtig, aber zum einen gibt es viel zu viele Programme, bei denen sich die (gegebene) Datenstruktur nicht in der Ablaufstruktur wiederfindet, und zum andern: genügen wirklich alle Ihre Programme dieser Forderung?

Zum Schluß des Abschnitts noch ein Hinweis: Bei kommerziellen Aufgaben liegt die Betonung auf den Daten, zumal letztere oft von Anfang an bis ins Einzelne vorgeschrieben sind (mitunter auch deren Struktur!). Hieraus leitet sich die sog. Jackson-Methode ab, die seit ihrem Erscheinen weite Verbreitung gefunden hat: Die Datenstruktur prägt die Ablaufstruktur. Interessierte verweise ich auf das Buch von M. Jackson [28], das jetzt auch in deutscher Sprache vorliegt.

1.1.2.4   Abstrakte Datentypen

Noch einen Schritt weiter als die bisher vorgestellte Strukturierung
von Daten geht die Verwendung Abstrakter Datentypen (vorgestellt u.
a. von E. Denert [9]), denn hierzu gehören auch Operationen, durch
welche diese "Klasse von Objekten ... vollständig charakterisiert"
wird. Grundlegend dazu äußert sich J. Guttag [21, 22]:

Abstrakte Datentypen werden definiert durch "syntaktische Spezifikationen", also Operationen mit diesen Datentypen, und Axiomen, denen diese Operationen genügen müssen; Guttag nennt die Methode
"algebraisch". Der Anwender interessiert sich dabei nicht, wie die
Abstrakten Datentypen konkret realisiert sind (man spricht in diesem
Zusammenhang auch von "information hiding", verborgenen Informationen). Denert berichtet von praktischen Erfolgen mit dieser Technik
bei Großprojekten.

Ich möchte die Ergebnisse der genannten Arbeiten stark vereinfacht
für unsere Zwecke verwendbar machen, skizziert an einem Beispiel:

Unser Abstrakter Datentyp sei die Zeit, entweder als Uhrzeit angegeben, oder als Zeitspanne, etwa in Stunden, Minuten, Sekunden und
Centisekunden (Hundertstelsekunden). Die zugehörigen Operationen
können z.B. sein:

- Holen (externe Darstellung in interne überführen),
- Addieren,
- Subtrahieren,
- Vergleichen,
- Bringen (das Inverse zu Holen).

Nehmen Sie an, Sie sollen für Sportveranstaltungen ein Programm zur
Zeitauswertung schreiben, etwa für den Spezial-Slalom (Sie kennen
das sicherlich aus der Sportschau).

Abstrakte Datentypen gibt es in den gängigen Programmiersprachen
nicht; wenn man sie simulieren will, ist nicht gewährleistet, daß
nur die vorgesehenen Operationen die Objekte manipulieren, die Abstrakten Datentypen also vor unerlaubten Zugriffen bewahrt sind.
Diese Operationen muß man durch Prozeduren ersetzen (am besten
durch Funktionen, um Seiteneffekte zu vermeiden, denn eine Funktion
liefert nur einen Wert ab). Der Schutz vor unerlaubten Zugriffen
ist der Disziplin des Programmierers anheim gegeben: er darf die

Abstrakte Datentypen nur mit den vorgeschriebenen Operationen behandeln.

Operationen, die wir auf unseren Abstrakten Datentyp Zeit anwenden
wollen, sind nicht-triviale Prozeduren, da bekanntlich die Zeit
nicht dezimal gemessen wird. Auf einer mittleren Stufe der Verfeinerung heiße es etwa für zwei Zeiten t_i und t_k :

$$\underline{if} \quad t_i < t_k \quad \dots$$

Das müssen wir umsetzen in

$$\underline{if} \quad VERGL \ (t_i, \ t_k, \ \underline{less}) \ \dots$$

Die Funktionsprozedur VERGL ist vom Typ $\underline{boolean}$, liefert also den
Wert $\underline{false}$ oder $\underline{true}$ ab.

Dieser Hinweis mag genügen, um die Idee deutlich zu machen.

Ich füge noch eine kurze Beschreibung für eine denkbare Realisierung des Abstrakten Datentyps Zeit an:

Die externe Darstellung, etwa auf einem Terminal (Fernsehschirm)
sei

hh:mm:ss,cc

wo		
$00 \leq hh \leq 23$	(Stunden),
$00 \leq mm \leq 59$	(Minuten),
$00 \leq ss \leq 59$	(Sekunden),
$00 \leq cc \leq 99$	(Centisekunden = Hundertstel).

Das sind zusammen 11 Bytes = 88 Bit (eine Byte-Maschine angenommen).

Für die interne Darstellung bieten sich zwei Möglichkeiten an; entweder gepackt oder integer.

<u>Gepackt</u>: Da jede Teilzahl $\leq$ 255 ist, wird sie in einem Byte abge-
legt; das sind zusammen 4 Bytes = 32 Bit:

$$\boxed{23} \quad \boxed{59} \quad \boxed{59} \quad \boxed{99}$$

<u>integer</u>: Die acht Ziffern werden als eine <u>integer</u>-Zahl aufgefaßt,
deren Betrag $\leq$ 23 595 999 ist, die also in einem Wort = 4 Bytes =
32 Bit untergebracht werden kann.

Es sind noch andere Darstellungen denkbar. Wir wollen jetzt nicht
entscheiden, welche die bessere ist, welche wir wofür verwenden
wollen. Ich hoffe jedoch, daß deutlich geworden ist, worauf es
ankommt.

1.2 Modulare Programmierung

Die Modulare Programmierung kann man als Vorläuferin der Strukturierten Programmierung ansehen; in vielen Punkten stimmen beide
Methoden überein, daher kann ich mich jetzt auf das wesentliche beschränken.

Was ist Modulare Programmierung?

> "Modulare Programmierung heißt Programme zu entwickeln
> als eine Menge von miteinander in Verbindung stehender,
> selbstständiger Einheiten (Moduln genannt), die später
> zusammengebunden ein komplettes Programm bilden".

Diese Definition von J. Maynard aus dem Jahre 1972 trifft den Kern
der Sache, denn das Gegenstück zu einem modularisierten Programm
ist das monolithische, d.h. ein Programm, welches aus einem Stück
besteht, dessen Listing sich über sehr viele Seiten erstreckt.

Darüber, was ein Modul genau ist, streiten sich noch heute die Ex-
perten (vgl. [3]). Mit unseren Vorkenntnissen können wir zu einer
kurzen Definition kommen, die Anforderungen der Praxis genügt:

> Ein Modul ist ein Strukturblock, der für sich allein
> übersetzt und getestet werden kann.

Eine weitere Forderung an einen Modul ist seine Überschaubarkeit:
Ein Modul sollte nicht zu umfangreich sein. Einige Autoren geben
sogar Zahlen an, die zwischen 50 und 200 Anweisungen liegen. H.
Sneed [*] nannte als obere Grenze für einen Modul 1000 Anweisungen,
einschließlich Kommentarzeilen, eine aus langjähriger Erfahrung
gewonnene Angabe. K. Lagally [*] charakterisierte einen Modul als
"lokal trivial".

---

[*] Mündliche Äußerungen in Diskussionen nach Vorträgen.

Vorteile eines modularisierten Programms gegenüber einem monolithischen sind u.a.:

a) Übersichtlicher Programmaufbau: Ein Kontrollmodul beherrscht die anderen Moduln.

b) Leichte Wartung: Wird in einem Modul eine Änderung durchgeführt, sind andere Moduln davon nicht direkt betroffen.

c) Verwendung von Standardmoduln, d.h. Moduln, die allgemein gültige Funktionen ausführen und von anderen Programmsystemen ebenfalls benutzt werden können.

Voraussetzung dafür ist eine saubere, für c) insbesondere einheitliche, Schnittstellendefinition (Standardisierung der Parameterübergabe), sowie eine hierarchische Ordnung der einzelnen Moduln. Letztere wird durch sog. "Modul-Linkage-Charts" (J. Maynard [33]) bzw. "Hierarchie-Diagramme" (HIPO [27]) grafisch wiedergegeben, in Fig. 26 als Prinzipskizze dargestellt.

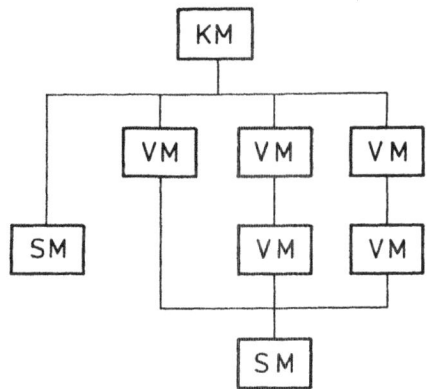

Legende:

KM = Kontrollmodul

VM = Verarbeitungsmodul

SM = Standardmodul, z.B.
     Ein/Ausgabemodul

Fig. 26: Modul Linkage Chart (Hierarchische Anordnung der Moduln eines modularisierten Programmsystems).

In Fig. 26 erkennt man auch, daß die Forderung nach hierarchischer
Ordnung der Moduln nicht notwendig die Baumstruktur zur Folge hat
(vgl. Fig. 27). Eine Baumstruktur würde die Verwendung von Standardmoduln ausschließen, es dürften dann nicht mehrere Moduln auf
einen hierarchisch untergeordneten Modul zugreifen, etwa einen Aus-
gabe-Modul.

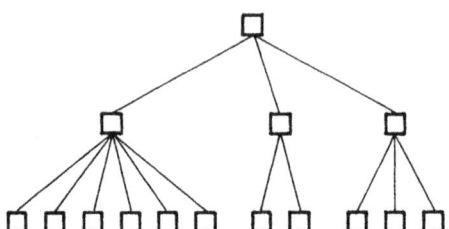

Fig. 27: Prinzipskizze einer Baumstruktur (Anordnung der Funktionen - nicht der Moduln - eines modularisierten Programmsystems).

Eine Verletzung der Hierarchie führt zu einem Spinnennetz der Bezie-
hungen, das Verwirrung schafft und dem erklärten Ziel der Modularen
Programmierung, nämlich übersichtlichem Programmaufbau, zuwider
läuft. Eine solche Verletzung wird dergestalt im Hierarchie-Diagramm sichtbar, daß ein Modul "zurückgreift" oder "zur Seite":
Wenn in Fig. 28 der Modul C Informationen vom Modul B benötigt,
bekommt er sie nur durch die Vermittlung des übergeordneten Moduls
A ; der seitliche Zugriff, in Fig. 28 gestrichelt eingezeichnet,
ist ein Verstoß gegen die Hierarchieforderung.

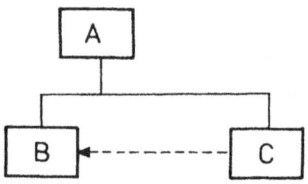

Fig. 28: Zur Hierarchieforderung der Modularen Programmierung.

Moduln, die im Diagramm auf einer Ebene liegen, sollten der gleichen "Semantischen Ebene" angehören.

Fig. 28 stellt auch das Hierarchie-Diagramm unseres Beispiels aus Abschnitt 1.1.1.5 dar, wenn Sie für A "Testprogramm" lesen, für B "Fehlerauswertung" und für C INDEX. Der Modul INDEX (also C) kann nicht von sich aus Fehlermeldungen ausgeben, dazu ist nur das Testprogramm, Modul A , befugt; C übergibt den Fehlercode IFEHL an A , und A veranlaßt B , die Fehlermeldung auszugeben nach den Informationen, die ihm C übergeben hat.

Zum Begriff Schnittstelle sind noch ein paar Worte zu sagen. Die englische Bezeichnung interface sagt aus, daß Kommunikation "zwischen Gesichtern" stattfindet. Wie aber, wenn es sich um Poker-Faces handelt?

Informationen werden zwischen Programmen nur über die Schnittstellen ausgetauscht.

Stehen sich zwei Moduln mit Poker-Face gegenüber, findet die eigentliche Kommunikation über andere, unkontrollierbare Kanäle statt. Das führt dann zu nicht vorhersehbaren Wirkungen, zu sog. Seiteneffekten, was auf jeden Fall verhindert werden muß. Daraus folgt zwangsläufig die Forderung nach sauber definierten Schnittstellen, über welche die Moduln miteinander verkehren. In der Schnittstellendefinition darf nichts unerwähnt bleiben, etwa nur stillschweigend vorausgesetzt!

Wie sieht eine Schnittstelle aus? Da eine Schnittstelle den Informationsaustausch darstellt, brauchen wir nur zu fragen, wie dieser realisiert wird. Hinzu kommt evtl. noch die Frage nach der Art des Aufrufs; stehen mehrere Arten zur Verfügung, sollte man sich innerhalb eines Systems etc. auf genau eine festlegen, die dann für alle Moduln gilt.

Die bekannteste Schnittstelle ist der Unterprogrammaufruf mit Parameterübergabe. Aber bereits hier lauern Gefahren: Nicht immer sind Eingabe- und Ausgabe-Parameter sauber geschieden, manche Eingabevariable wird im Modul (Unterprogramm) verändert und so (unbeabsichtigt?) zum Ausgabeparameter. Solche Schnittstellen sind Poker-Faces, umsomehr, wenn vergessen wurde, daß - wie in FORTRAN -

zusätzlich Kommunikation über COMMON-Bereiche stattfindet, was in
Programmbeschreibungen nicht immer erwähnt wird. Ähnlich verhält
es sich mit Aufrufen von Funktionsprozeduren, bei denen der Funk-
tionswert der einzige Ausgabeparameter sein sollte und die Parameter der Aufrufsequenz nur der Eingabe dienen. Leider kann man in
FORTRAN über diese Parameter auch weitere Werte dem rufenden Programm übergeben, was oft zu Mißverständnissen führt. Ich kann vor
solchen Praktiken nur warnen, besser ist es dann, aus der FUNCTION
eine SUBROUTINE zu machen, was auf die Effizienz des Programms keinen Einfluß hat.

Bei großen, stark modularisierten Systemen, etwa Betriebssystemen,
findet die Parameterübergabe meist über Informationsblöcke (Versor-
gungsblöcke, Kontrollblöcke, Tabellen, Listen) statt. Die einzelnen Moduln machen Eintragungen in diese Informationsblöcke, oder
holen sich dort Informationen für ihre Arbeit ab. Die Informationsblöcke liegen in den rufenden Moduln oder in sog. Datenmoduln.
FORTRAN-Programmierer nennen sie BLOCK DATA. Innerhalb eines Systems etc. sollten Informationsblöcke einheitlich strukturiert
sein.

Ein Modul wird dann folgendermaßen angesprochen: Der rufende Modul
trägt die notwendigen Daten in den Informationsblock ein, übergibt
dem untergeordneten Modul die Adresse (den Namen) des Informations-
blockes als einzigen Parameter und aktiviert ihn. Nach dem Rück-
sprung liest der rufende Modul die Informationen aus dem Informationsblock und fährt mit seiner Arbeit fort.

Zum Schluß möchte ich explizit wiederholen, worauf ich implizit
schon hingewiesen habe: Ein Modul darf nichts vom Innenleben der
anderen Moduln wissen, Moduln verkehren nur über Schnittstellen
miteinander; man spricht in diesem Zusammenhang auch vom Geheim-
nisprinzip (information hiding) [40]: Für den rufenden Modul ist
nur das Produkt des anderen Moduls interessant, also das Was,
nicht das Wie; es ist dem rufenden Modul gleichgültig, mit welchen Datentypen etwa der andere Modul intern arbeitet und welchen
Algorithmus er verwendet. Moduln sind "black boxes" für Außen-
stehende, seien es rufende Moduln oder Anwender.

1.3 Normierte Programmierung

Die Normierte Programmierung heißt nicht deswegen so, weil diese
Methode bereits genormt ist (DIN 66 220 [13]), sondern weil die
standardisierte Ablaufsteuerung ihr Thema ist: Der Ablauf von
(vorwiegend kommerziellen) Programmen, die mehrere sequentielle Dateien verarbeiten, insbesondere diese mischen, ist normiert, "einheitlich festgelegt".   Im Pseudocode aufgeschrieben, sieht die zu-
grunde liegende Idee folgendermaßen aus (Worte mit großen Buchstaben sind DIN-Bezeichnungen):

```
        VORLAUF;

        do forever
                    begin
                          EINGABE;
                          SATZAUSWAHL;
                          GRUPPENVERARBEITUNG
                    end,
                exit if  alle Dateien verarbeitet,
                    EINZELVERARBEITUNG
        od;

        Programmabschluß;
```

Voraussetzung ist, daß die Dateien geordnet (sortiert) sind.   Die
Ablaufsteuerung geschieht so, daß in sog. Statuswörter (je eines
einer Datei zugeordnet) eingetragen wird

- ob die Datei geöffnet oder geschlossen ist, ob sie gesperrt ist
  oder bearbeitet werden kann,

- welcher Satz gerade verarbeitet wurde, wird oder werden soll,

- ob ein Gruppenwechsel vorgenommen werden soll.

Letzteres wird durch sog. Gruppierwörter gesteuert.   Ich will versuchen, dies an einem einfachen Beispiel klar zu machen:

In einer (sortierten!) Datei sei u.a. eingetragen, welcher Kunde
wieviel bestellt hat.   Für einen vorgegebenen Zeitraum soll aufgelistet werden, wie sich die Bestellungen auf die einzelnen Bezirke
aufteilen.   Dazu benutzt man die Struktur der Kundennummer, die in

den ersten zwei Zeichen die Kennung des Bezirkes enthält (BB), die
restlichen fünf Zeichen sind die eigentliche Kundennummer (KKKKK).
Die sieben Bytes

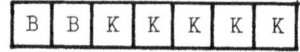

bilden das zugehörige Gruppierwort.

Pro Kunde soll eine Zeile ausgeworfen werden (Kundennummer und Ge-
samtbestellung); wenn der nächste Bezirk an der Reihe ist - das
ist der Gruppenwechsel! - , zusätzlich die Bestellsumme des ganzen
Bezirks:

KUNDEN-NR	BETRAG IN DM
01 00001	10.000,00
01 00002	120.000,00
01 00003	15.000,00
BEZIRK 01:	145.000,00
02 00001	2.010.000,00
02 00002	20.000,00
BEZIRK 02:	2.030.000,00

Ich skizziere die Verarbeitung: Nachdem überprüft ist, ob die Datei bearbeitet werden darf (Zustandsbyte im Statuswort abfragen!),
wird der nächste Satz gelesen. Man vergleicht das Gruppierwort aus
dem soeben gelesenen Satz mit demjenigen im Statuswort. Ist der
Bezirk der gleiche, findet die normale Verarbeitung statt, im anderen Falle wird die Bezirkssumme (des alten Bezirkes!) gebildet, das
alte Gruppierwort im Statuswort durch das neue ersetzt und mit der
normalen Verarbeitung fortgefahren. COBOL-Programmierer werden den
REPORT WRITER benutzen [44].

Die Normierte Programmierung, wie sie in DIN 66 220 vorgeschrieben
ist, verliert heutzutage deswegen an Bedeutung, weil moderne Systeme immer weniger mit sequentiellen Dateien arbeiten, statt dessen
auf Plattendateien direkt zugreifen.

Die Statuswörter halte ich für die wichtigste Idee der Normierten
Programmierung. Das Arbeiten damit ist nützlich, wenn das Programm
(-System) mehr als zwei Dateien gleichzeitig bearbeitet, dies gilt
vor allem für stark modularisierte Programme. Die Statuswörter

sollten dann in Datenmoduln untergebracht werden.

Aus den Vorschriften der Normierten Programmierung können wir auch
ein Grundrezept zur Verarbeitung sequentieller Dateien ableiten,
das sowohl für geordnete als auch für ungeordnete Dateien gilt:
B e v o r man in die Verarbeitungsschleife eintritt, liest man den
ersten Satz, weil er dadurch gleich für Abfragen zur Verfügung
steht. Aus eben diesem Grunde liest man den nächsten Satz erst am
Schluß der Schleife. Häufig wird es gerade andersherum gemacht,
was dann zu komplizierten Abfragen, ja zu Fehlern führen kann. An
einem Beispiel illustriert sieht das fast trivial aus:

Gegeben sei eine Datei, die aus drei Arten von Sätzen - A, B, C -
besteht, welche nicht sortiert sind, also willkürlich (stochastisch)
verteilt, etwa so:

   A, B, B, A, C, A, C, C, C, C, A, B, B, A, C, A, ...

Die ersten zwei Stellen eines Satzes enthalten ein Kennzeichen, das
den Satz charakterisiert: "A1", "B1" und "C1"; jeder Satztyp verlangt aufgrund der unterschiedlichen Satzstruktur eine besondere
Verarbeitung. Im Pseudocode stellt sich das folgendermaßen dar:

```
   open Datei;

   read Satz  {der erste Satz steht jetzt zur Abfrage bereit};

   while  Daten vorhanden
   do
       if  Kennzeichen ungültig  {d.h. ≠ A1, B1, C1}
           then  Fehlermeldung
           else  case  Kennzeichen  of
                   A1:  A verarbeiten,
                   B1:  B verarbeiten,
                   C1:  C verarbeiten

                 esac;

       fi;
       read Satz
   od;

   Endebehandlung;

   close Datei;
```

Das zugehörige Struktogramm zeigt Fig. 29. Vgl. auch [28].

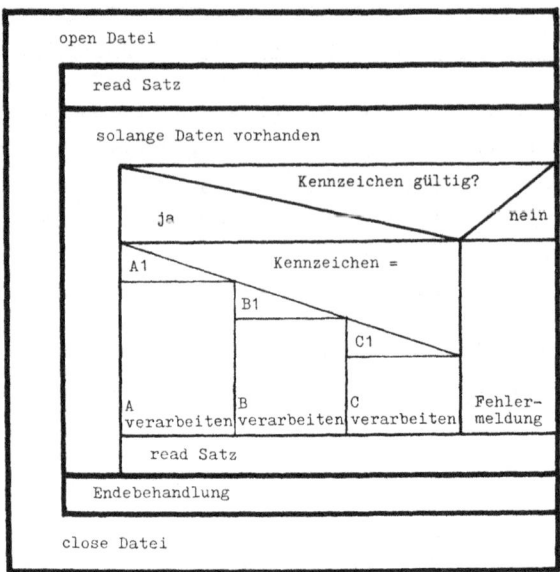

Fig. 29: Verarbeitung einer sequentiellen Datei.

Manche Vorschriften der Normierten Programmierung fordern auch
eine Normierung der Namen, d.h. die Bezeichnungen werden standardisiert. Dies ist eine Erleichterung beim Lesen, und damit für die
Wartung der Programme. Die Art der Normierung ist recht unterschiedlich und hängt vom Problemfeld ab.

Meist kennzeichnen die Anfangsbuchstaben oder eine Zeichengruppe
am Anfang des Namens den Bereich, welchem der betreffende Name zugeordnet wird. Beispielsweise kann der Buchstabe E die Eingabe
angeben; E1-, E2-, ... betreffen die Eingabedateien Nr. 1, Nr. 2,
... Im einzelnen bedeuten etwa:

E-	Eingabe- (Datei);
A-	Ausgabe- (Datei);
T-	Temporäre Datei, Zwischen-Datei;
S-	Sortier-Datei;
K-	Konstante;
V-	Verarbeitungsfeld, Variable;
I-	Index, Laufvariable.

Die Konstanten kann man weiter klassifizieren, etwa:

KA-	alphabetische Konstante;
KN-	numerische Konstante (Fixed Point);
KX-	alphanumerische Konstante;
KF-	Gleitpunkt-Konstante (Floating Point);

In einem COBOL-Programm können z.B. folgende Namen vorkommen:

E1-STAMMDATEI	(Datei Nr. 1)
E1-STAMMSATZ	(zu E1-STAMMDATEI)
E1-KUNDEN-NR	(aus E1-STAMMSATZ)
E4-KUNDEN-NR	(aus einem Satz der Eingabedatei Nr. 4)
E1-LESEN.	(Paragraphen-Name = Marke, bezeichnet das Lesen eines Satzes aus Datei E1-STAMMDATEI)

Die Anweisung

    MOVE E1-KUNDEN-NR TO KUNDEN-NR OF A7-ZEILE-5.

ist unter den gegebenen Umständen überwiegend selbsterklärend.

2. Hilfsmittel und Werkzeuge

> Die Werkzeuge, welche wir anzuwenden ver-
> suchen, und die Sprache oder Notation, wel-
> che wir gebrauchen, um unsere Gedanken aus-
> zudrücken oder aufzuzeichnen, üben einen
> starken Einfluß darauf aus, was wir über-
> haupt zu denken oder auszudrücken vermö-
> gen.
>
> Dijkstra

Die im ersten Kapitel vorgestellten Programmiermethoden hatten wir
als Werkzeuge bezeichnet, mit denen der Programmierer sein Werkstück, das "gute" Programm, herstellt. In diesem Kapitel möchte
ich Hilfsmittel und weitere Werkzeuge präsentieren, welche diejenigen aus Kapitel 1 ergänzen bzw. leichter hantierbar machen. Als
erstes stelle ich die Entscheidungstabellen vor. Das Arbeiten mit
ihnen wird von vielen Autoren zu den Programmiermethoden gerechnet,
was vorzugsweise bei großen, meist kommerziellen Projekten zutref-
fen dürfte; für Probleme aus Naturwissenschaft und Technik sind
Entscheidungstabellen nur Hilfsmittel.

2.1 Entscheidungstabellen

Über Theorie und Praxis der Entscheidungstabellen (ET) gibt es
schon viele Veröffentlichungen (vgl. H. Strunz [49], mit umfang-
reichem Literaturverzeichnis); ich beabsichtige nicht, einige
dieser Arbeiten hier zu referieren. Es sind auch schon etliche
Programme auf dem Markt, sog. ET-Vorübersetzer, die das Umsetzen
von Entscheidungstabellen in Programmcode automatisch vornehmen;
auch davon will ich nichts berichten. Mein Ziel in diesem Abschnitt ist lediglich, zu zeigen, was eine Entscheidungstabelle
ist und wozu man sie benutzt.

Man kommt bei Programmentwicklungen häufig zu einem Punkt, an dem
mehrere Abfragen ineinandergreifen, so daß ein Knäuel von Programmpfaden entsteht. Mit Entscheidungstabellen kann man diesen
Knoten entwirren, ohne ihn - wie weiland Alexander der Große -
mit dem Schwert durchzuhauen.

2.1.1 Aufstellen von Entscheidungstabellen

Was ist eine Entscheidungstabelle? Wenn ich eine Entscheidung zu treffen habe, wähle ich aus einigen Aktionen diejenige aus, welche bestimmten Bedingungen genügt; meine Entscheidung, ob ich mit der Straßenbahn oder mit dem Fahrrade zur Arbeit fahre (Aktion), hängt davon ab, ob günstiges oder ungünstiges Wetter herrscht, wie Glatteis oder starker Frost (Bedingung).

Eine Entscheidungstabelle stellt für das vorgesehene Entscheidungsfeld alle relevanten Bedingungen und Aktionen mit ihren Ausprägungen, die man Anzeiger nennt, tabellarisch zusammen:

Bedingungen	Bedingungsanzeiger	Entscheidungs-Regeln
Aktionen	Aktionsanzeiger	

Der rechte Teil der Tabelle besteht aus mehreren Spalten, welche die zusammengehörigen Bedingungs- und Aktionsanzeiger enthalten; diese Spalten nennt man Entscheidungsregeln. Unser Primitiv-Beispiel:

	1	2
Gutes Wetter?	Ja	Nein
Weg zur Arbeit	mit Fahrrad	mit Straßenbahn

Bedingungen pflegt man üblicherweise so zu formulieren, daß sie mit "Ja" oder "Nein" beantwortet werden können; ist eine Bedingung für eine konkrete Situation irrelevant, setzt man "-" in den Tabellenplatz, was sowohl "Ja" als auch "Nein" bedeutet. Analog kann man bei den Aktionen vorgehen: man setzt "X" an den Tabellenplatz, für den die Aktion zutrifft, sonst "-" oder nichts.

	1	2	3
Gutes Wetter? Loch im Schlauch?	Ja Ja	Ja Nein	Nein -
Fahrt mit Fahrrad Fahrt mit Straßenbahn	- X	X -	- X

Schreibt man alle Entscheidungsregeln vollständig, d.h. ohne Benutzung von "-" für Bedingungsanzeiger, in lexikografischer Anordnung auf, so spricht man von der kanonischen Normalform. Beispiel:

	1	2	3	4	5	6	7	8
Bedingung 1	J	J	J	J	N	N	N	N
Bedingung 2	J	J	N	N	J	J	N	N
Bedingung 3	J	N	J	N	J	N	J	N
Aktion 1								
...								

Neben dieser einfachen gibt es noch komplexere Entscheidungstabellen, sowie Entscheidungstabellen-Verbünde; ich verweise hierzu
auf das Buch von H. Strunz und auf DIN 66 241 [14].

Wie stellt man eine Entscheidungstabelle auf? Das klassische Verfahren ist:

1) Bedingungen und Aktionen zusammentragen.

2) Alle elementaren Bedingungsanzeiger in der kanonischen Normalform aufschreiben (dazu kann man u.a. vorbereitete Tabellen
benutzen).

3) Regel für Regel die Aktionsanzeiger eintragen.

4) Gegebenenfalls Regeln komprimieren (irrelevante Bedingungsanzeiger zu "-" zusammenfassen, sich widersprechende tilgen).

5) Auf Redundanz und Vollständigkeit prüfen (das betrifft vorzugsweise die Aktionsanzeiger).

Liegen viele Bedingungen vor, etwa n , wird dieses Verfahren un-
handlich wegen der großen Regelzahl 2^n . Strunz gibt als weitere
Möglichkeit die "Tabellenerstellung durch fortschreitende Regelent-

wicklung" an, die eine auf dem klassischen Verfahren basierende
Iteration darstellt.   Für unsere Praxis dürfte das klassische Verfahren ausreichen.

Geht man so vor, wie beschrieben, erhält man für die Prozedur INDEX
folgende Entscheidungstabelle in kanonischer Normalform:

	1	2	3	4	5	6	7	8	9	10	11	12	13	14	15	16
i ≤ 0	J	J	J	J	J	J	J	J	N	N	N	N	N	N	N	N
i > GRENZE	J	J	J	J	N	N	N	N	J	J	J	J	N	N	N	N
k ≤ 0	J	J	N	N	J	J	N	N	J	J	N	N	J	J	N	N
k > GRENZE	J	N	J	N	J	N	J	N	J	N	J	N	J	N	J	N
Aktionen																

Man sieht sofort, daß die Regeln 1 - 4, 5, 9 und 13 unsinnig sind,
denn i (oder k) kann nicht gleichzeitig ≤ 0 und > GRENZE
sein.   Wir erhalten also schließlich für INDEX folgende komprimierte Entscheidungstabelle:

	6	7	8	10	11	12	14	15	16
i ≤ 0	J	J	J	N	N	N	N	N	N
i > GRENZE	N	N	N	J	J	J	N	N	N
k ≤ 0	J	N	N	J	N	N	J	N	N
k > GRENZE	N	J	N	N	J	N	N	J	N
IFEHL =	5	5	1	5	5	3	2	4	0

2.1.2   Umsetzen von Entscheidungstabellen in Code

Neben den ET-Vorübersetzern, die von Software-Häusern verkauft werden, gibt es manuelle Verfahren, Entscheidungstabellen in Programmcode umzusetzen.   Bei ihrer Darstellung lehne ich mich an Strunz
[49] an.

2.1.2.1   <u>Codierung "Regel für Regel"</u>

Dieses Verfahren besteht darin, daß man jede Entscheidungsregel für sich programmiert. Wie im folgenden Beispiel ersichtlich, erhält man die schnellste Programmfassung, "wenn die Regeln nach abnehmender Häufigkeit ihrer Ausführung codiert werden".

Gegeben sei eine Entscheidungstabelle, von der wir annehmen wollen, daß die Regeln bereits nach obiger Empfehlung sortiert sind. Die Spalte ELSE faßt alle sonstigen Regeln zusammen, die nicht weiter benötigt werden oder die auf Fehler führen sollen.

	1	2	3	4	ELSE
Bedingung a	N	N	−	J	
Bedingung b	N	J	N	J	
Bedingung c	J	−	N	−	
Aktionen	X1	X2	X3	X4	X5

Diese Entscheidungstabelle löst man sofort wie folgt auf:

```
if (not a)  and  (not b)  and  c
   then  X1
   else  if  (not a)  and  b
             then  X2
             else  if  (not b)  and  (not c)
                       then  X3
                       else  if  a  and  b
                                 then  X4
                                 else  X5
                             fi  Regel 4;
                   fi  Regel 3;
         fi  Regel 2;
   fi  Regel 1;
```

2.1.2.2   Das Entscheidungsbaum-Verfahren

Dieses Verfahren kann ohne viele Worte durch Fig. 30 beschrieben
werden, eine Entscheidungstabelle mit drei Bedingungen b1 , b2
und b3 in kanonischer Normalform darstellend:

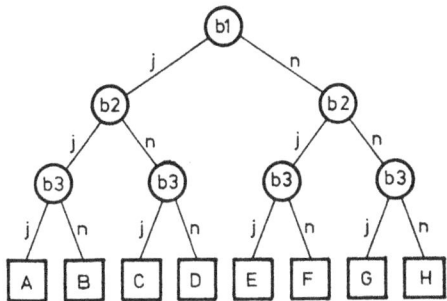

Fig. 30:   Entscheidungsbaum einer Entscheidungstabelle in kanonischer Normalform.

Um die Anzahl der Abfragen zu minimieren, ordnet man zunächst die
Bedingungen so um, daß diejenigen mit den meisten "-" nach unten
kommen. Das bedeutet für unser Beispiel:

	1	2	3	4	ELSE
Bedingung b	N	J	N	J	
Bedingung a	N	N	–	J	
Bedingung c	J	–	N	–	
Aktionen	X1	X2	X3	X4	X5

Sodann schreibt man die Regeln in lexikografischer Reihenfolge auf:

	4	2	1	3	ELSE
Bedingung b	J	J	N	N	
Bedingung a	J	N	N	-	
Bedingung c	-	-	J	N	
Aktionen	X4	X2	X1	X3	X5

Fig. 30 reduziert sich demnach zu Fig. 31:

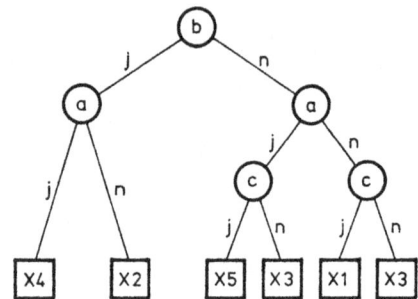

Fig. 31: Entscheidungsbaum einer komprimierten Entscheidungstabelle.

Diesen Entscheidungsbaum löst man dann leicht folgendermaßen auf:

```
if  b
    then  if  a
              then  X4
              else  X2
          fi a;
    else  if  a
              then  if  c
                        then  X5
                        else  X3
                    fi c;
              else  if  c
                        then  X1
                        else  X3
                    fi c;
          fi a;
fi;
```

2.1.2.3   Das Verfahren von Veinott

Die Grundidee des Verfahrens von C. G. Veinott [51] ist die Abbil-
dung der Entscheidungstabelle auf eine case-Anweisung. Dazu sollte
die Entscheidungstabelle in kanonischer Normalform vorliegen. Die
Fallvariable ist dann die Regelnummer, die vor Eintritt in die
case-Anweisung berechnet wird. Man nutzt dabei aus, daß jede na-
türliche Zahl n sich eindeutig als

$$n \;=\; \sum_{j=0}^{m-1} e_j * 2^j, \qquad \text{wo}\; 0 < n \leqq 2^m \;\text{und}\; e_j = (0;\,1),$$

darstellen läßt. Man setzt die Fallvariable auf 2^m (mit m = Anzahl der Bedingungen) und zieht für die erfüllte j-te Bedingung die
zugeordnete Zweierpotenz 2^{m-j} ab, das ergibt die Regelnummer. Für
drei Bedingungen liefert das

```
Regel := 8;    {8 = 2**3}

if Bedingung 1 then Regel := Regel - 4 fi;
if Bedingung 2 then Regel := Regel - 2 fi;
if Bedingung 3 then Regel := Regel - 1 fi;

case Regel of
    1:  X1,
    2:  X2,
      .
      .
      .
    8:  X8
esac;
```

Nach dieser Methode habe ich die Subroutine INDEX neu codiert; den
Prozedurteil finden Sie auf der nächsten Seite.

Zeitmessungen haben ergeben, daß diese Variante der Subroutine
INDEX um ca. 13 % langsamer ist als die (Original-) Version von
Seite 50: ein durchaus vertretbares "Opfer".

```
C
C  *------------------------------------------------------------*
C  *----------- P r o z e d u r t e i l --------------------*
C  *------------------------------------------------------------*
C
      IFEHL  =   0
C
C      - - - Auswertung der Entscheidungstabelle - - -
C
      REGEL  =  16
C
      IF (I .LE. 0)         REGEL = REGEL - 8
      IF (I .GT. GRENZE)    REGEL = REGEL - 4
      IF (K .LE. 0)         REGEL = REGEL - 2
      IF (K .GT. GRENZE)    REGEL = REGEL - 1
C
      GO TO (9, 9, 9, 9, 9, 5, 5, 1, 9, 5, 5, 3, 9, 2, 4, 200),  REGEL
C
C
C      - - - Fehler-Fall - - -
C
  1   IFEHL = 1
          GO TO 10
  2   IFEHL = 2
          GO TO 10
  3   IFEHL = 3
          GO TO 10
  4   IFEHL = 4
          GO TO 10
  5   IFEHL = 5
          GO TO 10
C      Der folgende Fall kann nicht vorkommen:
  9   IFEHL = 99
C
 10   J = 1
          GO TO 999
C
C      - - - Normal-Fall - - -
C
 200  IF (I .LE. K) THEN
C          oberes Dreieck:
          KK = I
          II = K
      ELSE
C          unteres Dreieck:
          KK = K
          II = I
      END IF
      J = II * (II - 1) / 2 + KK
C
C
 999  RETURN
C
      END
```

2.1.3   Anmerkungen

Daß sich Entscheidungstabellen und Strukturierte Programmierung gut
vertragen, haben die voraufgegangenen Seiten gezeigt: Entscheidungstabellen lassen sich problemlos in Pseudocode umsetzen, also
in ein Programm nach den Regeln der Strukturierten Programmierung
einbetten. Es ist müßig, die Streitfrage "Entscheidungstabellen
o d e r Strukturierte Programmierung" [48, 38] zu stellen, wie es
müßig ist, sich über "Normierte Programmierung o d e r Strukturierte Programmierung" zu zanken: es muß u n d heißen.

Zum Schluß ein paar ergänzende Bemerkungen zu den Entscheidungstabellen:

1.) W. Heilmann [23] weist auf Gefahren hin, die in der Anwendung
komprimierter Entscheidungstabellen liegen: sie sind

- nicht wartungsfreundlich (ändert sich eine Regel, muß man die
  komprimierte Entscheidungstabelle neu schreiben),

- schlechter in Code umzusetzen und

- fehleranfälliger.

2.) Sofern sie nicht zu umfangreich sind, erweisen sich Entscheidungstabellen als ein gutes Verständigungsmittel zwischen DV-Fach-
mann und Anwender: dem Laien leuchten sie ein, der Fachmann kann
sie ohne Mühe in Code umsetzen.

3.) Die ersten Entscheidungstabellen sind 1957 in den U.S.A. auf-
gestellt worden; sie haben Flußdiagramme, die zu groß und unüber-
sichtlich geworden waren, abgelöst. Erste Programme zur Unterstützung der Entscheidungstabellentechnik (sog. ET-Interpreter) lagen
1961 vor [49].

2.2 Text-Editoren

Ein Editor[*]) ist Herausgeber (eines Buches etwa), er ediert die
Edition (gibt die Ausgabe heraus). Im Englischen meinen diese Worte das gleiche, zusätzlich aber bedeutet "editor" Redakteur, "edit"
heißt somit auch redigieren.

Ein Text-Editor (meist nur Editor genannt) ist also ein maschinel-
ler Redakteur, mit dessen Hilfe der Benutzer am Terminal seinen
Text redigieren kann. Das Edieren, das Arbeiten mit dem Text-Editor, wird häufig editieren genannt (wahrscheinlich, weil es vielen
vom englischen "edit" abgeleitet scheint). P. Gorny wies darauf
hin, daß dieser Sprachgebrauch falsch ist: "man sagt ja auch nicht
operatieren!".

Mit den Text-Editoren verhält es sich - leider - ähnlich wie mit
den Betriebssystemen: Jeder Hersteller gestaltet seine individuelle Schnittstelle zum Benutzer (warum eigentlich?); jedes Betriebssystem hat andere Kommandos, die je einer anderen Syntax gehorchen.
Dabei sind die meisten Funktionen, die durch Kommandos ausgelöst
werden, in allen Betriebssystemen gleich.

Bei Editoren kommt noch hinzu, daß viele lieblos 'runtergeschrieben
sind. Manche scheinen nicht am Bildschirm entworfen zu sein, sondern am Kartenlocher! Wie erklären sich sonst so viel ungeschickte
Bedienungsvorschriften? Mit den Mängeln bestehender Editoren setzt
sich H. Oberquelle [39] auseinander.

2.2.1   Arbeitsweise eines Text-Editors

Ich habe mir etliche Text-Editoren angesehen, sie am Bildschirmgerät ausprobiert und deren Handbücher gelesen. Bei vielen habe ich
feststellen müssen: sie sind auf magnetische Datenträger abgebil-
dete Kartenlocher, man kann mit ihnen "Karten" korrigieren, entfer-
nen oder hinzufügen. In einigen Beschreibungen habe ich sogar das
Wort "Karte" gefunden, wo Datensatz oder Zeile richtig wäre! Es
gibt Editoren, die nur vorwärts positionieren können, wie ein Kar-

---

[*]) Betonung auf der ersten Silbe!

tenleser. Dabei bieten moderne Bildschirmgeräte so große Möglichkeiten, die nur von vielen Editoren nicht genutzt werden, ebensowenig wie die nicht-sequentiellen Zugriffsmethoden zu Plattendateien.

Aber ich will nicht nur klagen: es gibt auch gute Editoren - oft
nicht von DV-Herstellern sondern an Hochschulen o.ä. Institutionen
entwickelt - , die einige Forderungen von Oberquelle bereits erfüllen. Ich möchte denjenigen, die mit einem "schlechten" Editor arbeiten müssen, mit meinen Bemerkungen Mut machen, bei ihrem Rechenzentrum und Hersteller darauf zu dringen, daß man den Benutzern
bessere Editoren zur Verfügung stellt. Zufriedene Kunden sind für
Dienstleistungsbetriebe lebenswichtig, das gilt für Rechenzentren
genauso wie für DV-Hersteller.

Ehe ich über die Funktionen eines Text-Editors spreche, möchte ich
seine Arbeitsweise erläutern (Fig. 32).

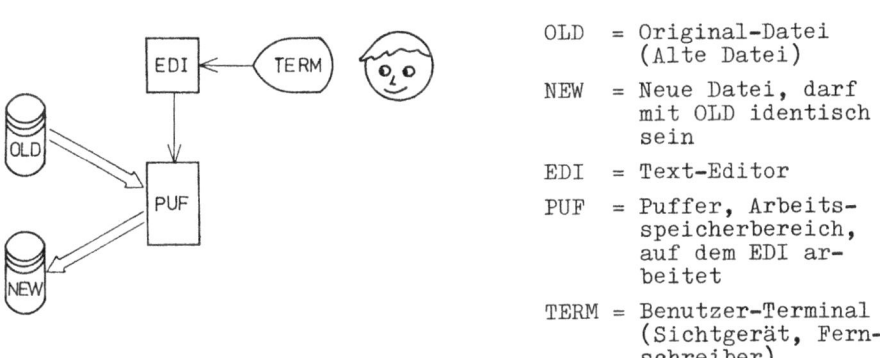

Legende:

OLD = Original-Datei
       (Alte Datei)

NEW = Neue Datei, darf
       mit OLD identisch
       sein

EDI = Text-Editor

PUF = Puffer, Arbeits-
       speicherbereich,
       auf dem EDI ar-
       beitet

TERM = Benutzer-Terminal
       (Sichtgerät, Fern-
       schreiber)

Fig. 32: Arbeitsweise eines Text-Editors.

Der Benutzer will mit dem Editor eine Datei bearbeiten. Der Editor
arbeitet nicht direkt auf dieser Datei, vielmehr richtet er sich im
Arbeitsspeicher einen Pufferbereich ein bzw. eine ganz im Arbeitsspeicher liegende temporäre Datei. Teile der Originaldatei werden
in den Puffer kopiert und dort geändert. Bei vielen Editoren muß
der Benutzer selbst dafür sorgen, daß die korrigierten Datei-Teile
"gerettet" werden (SAVE), andere Editoren machen das automatisch,
so daß der Benutzer den Eindruck hat, als arbeite er auf der Originaldatei.

Bei den zuletzt genannten Editoren ist es ratsam, sich vor dem
Edieren eine Kopie der Originaldatei anzufertigen, damit man gegebenenfalls darauf zurückgreifen kann. Dies ist besonders wichtig,
wenn es sich um ein Programm im Stadium der Entwicklung handelt,
man erhöht dann jeweils die (interne) Versionnummer, denn - wie Sie
sicherlich aus eigener Erfahrung wissen - ist eine Verbesserung
oftmals eine "Verböserung".

Bei "guten" Editoren kann der Benutzer durch den Editor hindurch
auf Leistungen des Betriebs- und Programmiersystems zugreifen:
Nachdem ich die Programmquelle geändert habe, lasse ich übersetzen,
d.h. ich trete vom Editor-Modus über in den Programmiersystem-Mo-
dus. Hat der Übersetzer Fehler gefunden, wird automatisch wieder
der Editor-Modus angesteuert, ich kann den Fehler korrigieren.
Vgl. Fig 33.

Legende:

Vgl. Fig. 32.
ÜBS = Übersetzer

Fig. 33: Übersetzen und Edieren in einem Arbeitsgang.

Komfortable Text-Editoren unterscheiden den Seiten-Modus vom Zeilen-Modus; im Seiten-Modus steht dem Benutzer der ganze Bildschirm
zur Verfügung, während der Zeilen-Modus für den Fernschreiber gedacht ist. Daneben unterscheidet man oft zwischen dem Eingabe-Modus und dem (eigentlichen) Edier-Modus.

Betrachten wir zunächst den Zeilen- oder Fernschreib-Modus, der bei
allen Editoren realisiert ist. Mit ihm hat man folgende Möglichkeiten:

1.) Texte ausgeben, d.h. auflisten.
2.) Texte zeilenweise eingeben.

3.) Einzelzeilen ändern.

4.) Zeilen einfügen oder löschen.

5.) Dateibereiche nach bestimmten Zeichenmustern durchsuchen und diese evtl. durch andere Zeichenmuster ersetzen lassen.

Zu 1.): Man gibt den Bereich an, der aufgelistet werden soll, d.h. von Zeile n_1 bis Zeile n_2 .

Zu 2.): Dies ist ein mühsames Verfahren, weil man nach jeder Zeile erst die Reaktion des Rechners abwarten muß.

Nicht jeder Editor stellt einen Eingabe-Modus bereit, in welchem man mehrere Zeilen auf einmal eintippen kann, so wie einen Textabschnitt im Zusammenhang auf der Schreibmaschine. Fehlt der Eingabe-Modus und hat man umfangreiche Texte einzugeben, lohnt es sich mitunter, selbst ein Eingabeprogramm zu schreiben. Der eingegebene Text wird anschließend weiter mit dem Editor bearbeitet.

Zu 3.): Bei einigen Editoren kann man mittels sog. Korrekturzeichen, die man unter die zu korrigierende Zeile schreibt, Änderungen bequem vornehmen, z.B. für Zeile Nr. 110:

```
110=  33  WRITT (6,6003) X, Z          angeforderte Zeile
  *  !!    E     1    [Y, [             Korrekturzeichen
110=     WRITE (6,6001) X, Y, Z         Echo des Editors
```

Zu 4.): Bei der Eingabe werden die Zeilen in der Regel mit Nummern versehen, über die man dann zu den Zeilen zugreift. Zweckmäßigerweise wählt man einen Zeilenabstand von 10 oder 100, damit man im Bedarfsfalle Zeilen einschieben kann, indem man dazwischenliegende Nummern wählt. Die Editor-Befehle heißen meist INSERT und DELETE.

Zu 5.): Während die Punkte 1 bis 4 "Lochkartenfunktionen" eines Editors darstellen, haben wir es bei Punkt 5 mit einer echten Komfortsteigerung zu tun. Man darf jedoch diese Funktion nicht unbedacht verwenden, denn will man z.B. die Zeilen auflisten lassen, die "END" enthalten, bekommt man sowohl die Zeile

```
990=     END
```

als auch die Zeile

```
120=C     LAUFENDER INDEX
```

angeliefert. Und wenn überall "UE" durch "Ü" ersetzt werden
soll, erhält man auch QÜLLE!

Beim ersten Beispiel durchsucht man besser mit dem Muster
"␣END"; das Muster "END␣" liefert die Zeile 990 nicht, da
auf "END" das Zeichen "Zeilenende" bzw. "Wagenrücklauf" folgt,
was ungleich Blank ist. Beim zweiten Beispiel weiß ich keine
andere Abhilfe als die Kontrolle aller Ersetzungen und die anschließende Korrektur.

Editoren, die den Seiten-Modus bereit halten, bieten meist auch die
Möglichkeit, mehrere Edier-Befehle auf einmal einzugeben. Auf diese Weise fülle ich mir den Bildschirm mit den Zeilen, die ich edieren will, und führe diese Arbeiten mit den Hardware-Edierfunktionen
aus, die das Bildschirmgerät zur Verfügung stellt. Anschließend
schicke ich den Bildschirminhalt ab. Auf diese Weise sind zur Korrektur von - sagen wir - 19 Zeilen nur zwei Kontakte mit dem Rechner nötig. Die Arbeit geht schneller vonstatten und ich kann mich
besser auf das Redigieren meines Textes konzentrieren, ich mache
weniger Fehler.

Bei der Eingabe im Seiten-Modus werden die Vorteile des Tabulators
deutlich. Ich definiere mir das Tabulatorzeichen, sagen wir "@",
und die Tabulatorpositionen, für COBOL etwa 8, 12, 16, 20, 30, 40,
55, 72. Die Eingabe der COBOL-Zeilen von S. 55 sieht dann folgendermaßen aus:

```
@1@KUNDE.
@@2@KUNDEN-NR.
@@@3@BEZIRK@...
@@@3@INDIVID-NR@...
@@2@NAME.
@@@3@VORNAME@...
@@@3@NACHNAME@...
@@2@ADRESSE.
@@@3@PLZ@...
@@@3@ORT@...
@@@3@STRASSE@...
```

Wenn ich den ganzen Bildschirm vollgeschrieben und abgeschickt habe, lasse ich ihn mir sogleich zur Kontrolle wieder ausgeben, um

dann gegebenenfalls im Seiten-Modus, wie oben angegeben, Fehler oder das Layout zu korrigieren.

Den größten Komfort hat man, wenn man anstatt eines einfachen Bildschirmgerätes einen Personal Computer (PC) benutzen kann: Man bereitet eine ganze Datei im PC auf und überträgt sie dann auf den großen Rechner.

Bei etlichen Editoren ist die aktuelle Position in der Datei von großer Bedeutung, sie wird mitunter Zeiger genannt: Der Zeiger zeigt auf diejenige Zeile, die gerade bearbeitet wird oder wurde. Viele Edier-Befehle beziehen sich ausdrücklich auf den Zeigerstand, z.B. (verbal beschrieben): "Füge hinter der Zeigerposition drei Zeilen ein und zwar Zeile Nr. 390 und die folgenden zwei". Vgl. dazu Fig. 34.

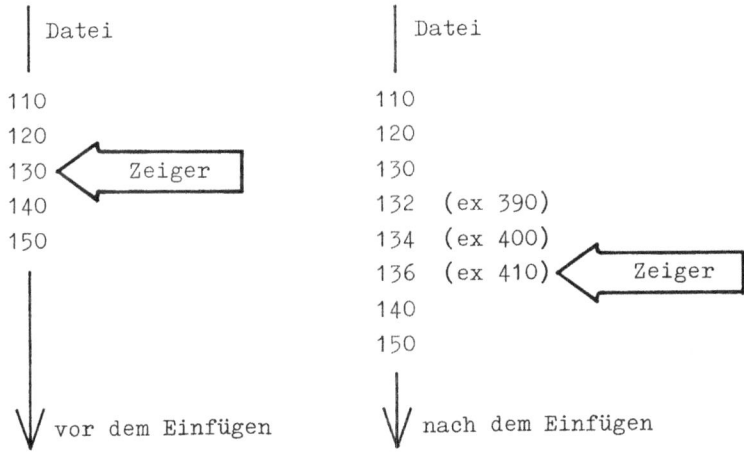

Fig. 34: Einfügen von Zeilen unter Benutzung der Zeigerposition.

Die Bedeutung des Zeigers ist bei sequentiellen Dateien, die keine Zeilennummern haben, besonders wichtig, weil man in diesen Fällen nur relativ zur Zeigerposition arbeiten kann.

Die meisten Editoren setzen indexsequentielle Dateiorganisation voraus und greifen über die Indizes, das sind die Satznummern, auf die einzelnen Sätze zu. In solchen Fällen dürfen die Satz-"Nummern" u.U. auch sonstige Bezeichnungen sein, dürfen also neben Ziffern auch Buchstaben und Sonderzeichen enthalten.

Es gibt Editoren, die verlangen, daß die Zeilennummern in den Sätzen der Datei selbst enthalten sein müssen, entweder in den ersten oder den letzten Zeichenpositionen jedes Satzes. Man muß dann die Sätze um diese Zeichen verlängern, z.B. Lochkartenbilder von 80 auf 88 Zeichen (Spalten). Dabei spielt die Dateiorganisation keine Rolle.

2.2.2 Der Text-Editor als Programmierhilfe

Hinweise auf das praktische Arbeiten mit einem Text-Editor habe ich schon im vorigen Abschnitt gegeben; sie gelten allgemein. Jetzt will ich noch Möglichkeiten nennen, wie der Programmierer den Editor bei der Programmentwicklung als arbeitssparendes Hilfsmittel ausnutzen kann.

Beim Programmieren kommt es immer wieder vor, daß Programmzeilen, die sich in nur wenigen Zeichen oder überhaupt nicht unterscheiden, mehrfach hintereinander aufgeschrieben werden müssen. Hierbei kann man als Arbeitserleichterung die Kopierfunktion des Editors verwenden. Im einfachsten Falle lasse ich mir die betreffende Zeile mehrmals auf dem Bildschirm ausgeben, führe mit den Hardware-Funktionen des Bildschirmgerätes die erforderlichen Änderungen aus, wandle die Zeilennummern um und schicke alles ab. Entsprechend kann man ganze Blöcke vervielfachen, etwa wenn mehrere Dateien gleiche Datenbeschreibungen haben: Ich liste mir den Block auf, trage die zu korrigierenden Zeichen sowie die notwendigen Edier-Befehle ein und schicke den Bildschirminhalt ab, so daß die Änderungen in die Datei eingefügt sind.

Mit den nächsten Sätzen spreche ich besonders COBOL-Programmierer an, obwohl das folgende - sinngemäß angewandt - auch für andere Programmiersprachen gilt.

COBOL ist sehr geschwätzig; das empfinden viele Programmierer als lästig, obwohl gerade durch diese "Geschwätzigkeit" COBOL-Programme gut lesbar sind, vorausgesetzt, sie sind vernünftig geschrieben.

Man muß in COBOL also sehr viel schreiben. Um sich diese umfangreichen Arbeiten zu erleichtern, kann man ein "Steno-Cobol" verwenden. Es gibt auf dem Markt einige Vorübersetzer, die derartige

"Stenografien" in normales COBOL übersetzen. Den gleichen Effekt
kann man aber auch erzielen, wenn man den Text-Editor entsprechend
einsetzt. Mit einigen Beispielen will ich Anregungen geben, wie
man einen Vorübersetzer simulieren kann.

Es gibt reservierte Wörter, die häufig vorkommen. Ich benutze an
ihrer Statt bei der ersten Niederschrift "stenografische" Kürzel,
die ich mir, wenn das ganze Programm eingegeben ist, vom Editor in
die Langnamen umsetzen lasse. Dabei verwende ich als Kürzel ein
bis zwei Buchstaben und ein Sonderzeichen, das sonst in COBOL-Namen
nicht vorkommt; denn wenn ich z.B. für FILLER etwa das Kürzel "FL"
verwende, wird beim Ersetzen aus FLAECHE dann FILLERAECHE. Analoges gilt für Programmierer-Wörter, nur muß man bei zusammengesetz-
ten Wörtern aufpassen: Wenn ich für EINGABE ein Kürzel verwende,
und für EINGABE-BEREICH ein anderes, gibt es u.U. Konflikte. Am
besten ist es, man führt eine Liste der Kürzel.

Ich gebe einige Beispiel, wie ich sie so oder ähnlich verwende:

Aus	F*	wird	FILLER,
aus	P*	wird	PERFORM,
aus	V*	wird	VALUE IS,
aus	V$	wird	VALUE SPACES,
aus	E]	wird	EINGABE,
aus	E]-1	wird	EINGABE-1,
aus	E]-BEREICH	wird	EINGABE-BEREICH.

Achtung: durch die Langnamen werden die Zeilen länger und können
"überlaufen"!

Dieses Vorgehen kann u.U. am Terminal ermüdend sein. Manche Editoren können auch im Stapelbetrieb arbeiten; ich pflege dann die
Edierbefehle am Bildschirm aufzubereiten und lasse anschließend
die "Vorübersetzung" als Batch-Job ablaufen.

Wenn man Pseudocode in FORTRAN-Code umwandelt, erhält man - das ist
nun mal in FORTRAN so - viele Anweisungsnummern als Sprungziele
bzw. Schleifenenden. Damit man sich im Programm besser zurecht-
finden kann, sollten alle Anweisungsnummern aufsteigend angeordnet
sein. Bei der ersten Niederschrift läßt sich das nicht erreichen.
Ich pflege statt der (endgültigen) Anweisungsnummern den Ziffern

(oder Buchstaben!) ein Sonderzeichen als Präfix voranzustellen.
Dann gehe ich das Programm von oben nach unten durch und ersetze
oder tilge.

Nachfolgend der Programmausschnitt von INDEX (vgl. S. 50) in FOR-
TRAN IV vor Ersetzung der Anweisungsnummern:

```
C
C
C   *--------------------------------------------------------------*
C   *------------------ P R O Z E D U R T E I L ------------------*
C   *--------------------------------------------------------------*
C
        IFEHL = 0
C
        IF (I .GT. 0 .OR. I .LE. GRENZE .OR.
     [      K .GT. 0 .OR. K .LE. GRENZE) GO TO &2
C
C   - - - - - FEHLER-FALL - - - - -
C
&1      CONTINUE
&3      IF (I .GT. 0) GO TO &10
&9          IF (K .GT. 0 .OR. K .LE. GRENZE) GO TO &14
&13             IFEHL = 5
                    GO TO &15
&14             IFEHL = 1
&15         CONTINUE
                GO TO &4
&10         IF (I .LE. GRENZE) GO TO &17
&16             IF (K .GT. 0 .OR. K .LE. GRENZE) GO TO &20
&19                 IFEHL = 5
                        GO TO &21
&20                 IFEHL = 3
&21             CONTINUE
                    GO TO &18
&17             IF (K .GT. 0) GO TO &23
&22                 IFEHL = 2
                        GO TO &24
&23                 IFEHL = 4
&24             CONTINUE
&18         CONTINUE
&4      CONTINUE
&5      INDEX = 1
&2      CONTINUE
            GO TO &99
C
C   - - - - - NORMAL-FALL - - - - -
C
&6      IF (K .GT. I) GO TO &12
&11         KK = I
            II = K
                GO TO &7
&12         KK = K
            II = I
&7      CONTINUE

        etc.
```

Ich bin so vorgegegangen: Vom Editor lasse ich mir, von oben nach
unten fortschreitend, anzeigen, ob die betreffende "Nummer" nur
links (d.h. in den Spalten 1 bis 5) vorkommt - also ein leeres Ziel
ist - , oder auch rechts. Im ersten Fall wird durch Blanks ersetzt,
im anderen durch echte Anweisungsnummern. So ergab sich folgendes:
&1, &3, &9, &13 wurden getilgt, &14 wurde 10, &15 wurde 20, &10
wurde 30, und so weiter.

Damit will ich meine Anmerkungen zum Thema Text-Editor abschließen.
Ich hoffe, einige Anregungen gegeben zu haben. Da die Editoren in
ihren Schnittstellen zum Benutzer so sehr unterschiedlich sind, ist
ein tieferes Eindringen in diese interessante Materie leider hier
nicht möglich.

2.3 Organisatorische Hilfsmittel

Die Organisation des Programmierens im großen Stil, d.h. die Pro-
jektorganisation, ist nicht Thema dieses Buches. Dennoch will ich
auf zwei Dinge hinweisen, welche die Zusammenarbeit von zwei (oder
mehreren) Programmierern erleichtern können und auch für "Einzelkämpfer" hilfreich sind.

2.3.1   Programmrahmen

Unter einem Programmrahmen für eine gegebene Programmiersprache
verstehe ich eine Ansammlung von vorgefertigten Anweisungen und
Kommentaren, die als Halbfabrikat vorliegen und sowohl Schreibar-
beit abnehmen als auch Hinweise auf mögliche Versäumisse geben.
Auf den folgenden zwei Seiten finden Sie den Programmrahmen für
FORTRAN, wie ich ihn selber verwende.

Ich habe mir für alle gängigen Programmiersprachen einen derartigen
Programmrahmen ausgearbeitet und auf je einer Datei abgespeichert;
der Zeilenabstand ist 1000.

Wenn ich ein Programm zu schreiben habe, stelle ich mir eine Datei
bereit und kopiere sogleich den Programmrahmen hinein. Dann gehe
ich mit dem Editor daran und mache meine Eintragungen in dieses
"Formular", oder lösche das, was ich nicht brauche (aus Gründen der

(Fortsetzung S. 94)

```
        Programm-Typ und -Name etc.        ... oder Zeile loeschen
C
C   **********************************************************************
C   *                                                                    *
C   *  Name des Programms                                                *
C   *                                                                    *
C   *  Version (nn.kk)                        Datum:                     *
C   *                                                                    *
C   *--------------------------------------------------------------------*
C   *                                                                    *
C   *  FUNKTIONSBESCHREIBUNG:                                            *
C   *                                                                    *
C   *      Hier beginnt der Text, der angibt, was das Ganze ueber-       *
C   *      haupt soll ...                                                *
C   *                                                                    *
C   *                                                                    *
C   *  EINGABE-DATEN, IHRE BESCHREIBUNG UND WERTEBEREICHE:               *
C   *                                                                    *
C   *      Hier beginnt der Text ...                                     *
C   *                                                                    *
C   *                                                                    *
C   *  AUSGABE-DATEN, IHRE BESCHREIBUNG UND WERTEBEREICHE:               *
C   *                                                                    *
C   *      Hier beginnt der Text ...                                     *
C   *                                                                    *
C   *                                                                    *
C   *  FEHLERZUSTAENDE, DIE AUFTRETEN KOENNEN:                           *
C   *                                                                    *
C   *      Hier beginnt der Text ...                                     *
C   *                                                                    *
C   *                                                                    *
C   *  VERWENDETE UNTERPROGRAMME:                                        *
C   *                                                                    *
C   *      Hier beginnt der Text ...                                     *
C   *                                                                    *
C   *                                                                    *
C   *--------------------------------------------------------------------*
C   *                                                                    *
C   *  AENDERUNGSZUSTAND:                                                *
C   *                                                                    *
C   *      Hier beginnt der Text ...                                     *
C   *      (Angaben, was wann wo geaendert worden ist)                   *
C   *                                                                    *
C   *                                                                    *
C   *--------------------------------------------------------------------*
C   *                                                                    *
C   *  AUTOR:     Friedemann Singer                                      *
C   *                                                                    *
C   *            Hochschulrechenzentrum (HRZ) der                        *
C   *            Gesamthochschule Kassel (GhK)                           *
C   *            Moenchebergstrasse 11                                   *
C   *                                                                    *
C   *            D-3500  Kassel                                          *
C   *                                                                    *
C   *            Tel.:  (0561) 804 - 22 91                               *
C   *                                - 22 86 / - 22 87  (Sekretariat)    *
C   *                                                                    *
C   **********************************************************************
C
```

```
C
C     *---------------------------------------------------------------*
C     *----------- D a t e n t e i l -------------------------------*
C     *---------------------------------------------------------------*
C
C
C     ----------- Typvereinbarungen: -------------------------------
C
C     ----------- Zur Kontrolle, ob alle Variablen deklariert sind: -
      IMPLICIT LOGICAL (A - Z)
C
C     ----------- Typvereinbarungen  im Einzelnen. -----------------
      INTEGER
      REAL
      DOUBLE PRECISION
      COMPLEX
      LOGICAL
C     ----------- Arrays: ------------------------------------------
      DIMENSION
C
C     ----------- COMMON-Bereiche: ---------------------------------
      COMMON
C
C     ----------- Gleichsetzungen: ---------------------------------
      EQUIVALENCE (Muss das wirklich sein ???)
C
C     ----------- Konstante: ---------------------------------------
      DATA       /                     /
C
C     ----------- Anweisungsfunktionen: ----------------------------
      Funktionsdefinitionen ...
C
C     ----------- Externbezuege: -----------------------------------
      EXTERNAL
C
C     ----------- Eingabe-Formate: ---------------------------------
 5000 FORMAT ( ... )
 5001 FORMAT ( ... )
 5002 FORMAT ( ... )
C
C     ----------- Ausgabe-Formate: ---------------------------------
 6000 FORMAT ( ... )
 6001 FORMAT ( ... )
 6002 FORMAT ( ... )
C
C     ----------- Fehler-Texte: ------------------------------------
 9000 FORMAT ( ... )
 9001 FORMAT ( ... )
 9002 FORMAT ( ... )
C
C
C     *---------------------------------------------------------------*
C     *----------- P r o z e d u r t e i l -------------------------*
C     *---------------------------------------------------------------*
C

      Hier beginnen nun endlich die ausfuehrbaren Anweisungen ...
```

Dokumentation erlaube ich mir in dem Kommentarkasten zu Beginn des Programmrahmens keine Streichungen!).

Die Vorteile, die die Verwendung des Programmrahmens bieten, liegen auf der Hand, weitere Erklärungen sind daher nicht nötig. Für konkrete Anwendungsfälle wird man den Rahmen erweitern und ergänzen, z.B. um gemeinsame Schnittstellen o.ä.

2.3.2   Programmieranweisungen

Programmieranweisungen sind eine Zusammenstellung von formalen und inhaltlichen Regeln für die praktische Arbeit an einem Projekt und kommen üblicherweise "von oben"; die darin festgehaltenen Vorschriften sind verbindlich und für große Projekte unentbehrlich. Aber auch für zwei oder drei Kollegen, die gemeinsam an einem Projekt arbeiten, sind Programmieranweisungen sinnvoll, sofern sie

- nicht zu umfangreich sind (höchstens drei DIN-A-4-Seiten),

- auf gemeinsam getroffenen Übereinkünften beruhen und

- einer Checkliste ähnlich sind.

Als Anregung zitiere ich ausschnittweise solche "kollegialen" Programmieranweisungen:

Entwurfsphase:

Entwurfsskizzen, z.B. für Code-Tabellen, Formularentwürfe, auch Struktogramme, Entscheidungstabellen und dergl. sorgfältig ausführen, mit Datum und Namenskürzel (Diktatzeichen) versehen und abheften. Auch nicht-triviale Irrwege auf diese Weise dokumentieren.

Entwurf des Moduls im Pseudocode. Den fertigen Entwurf von einem Kollegen gegenlesen lassen.

Mit der Codierphase erst beginnen, wenn die Entwurfsphase vollständig abgeschlossen, d.h. der Dialog zwischen Auftraggeber und Programmierer wirklich beendet ist.

Codierphase:

Ein Modul darf nicht mehr als 500 (fünfhundert) Zeilen enthalten, einschließlich der Kommentare.

Verwendung eines Programmrahmens.

Jeden Block mit einer Überschrift einleiten (Kommentar); das Innere eines Blockes um ca. 4 Stellen einrücken.

Selbsterklärende Namen verwenden. Darüber viel nachdenken
und sich Zeit lassen! Sich als Autor eines literarischen
Textes fühlen und dabei an den potentiellen Leser denken.

Literale vermeiden (durch benannte und vorbesetzte Variable
ersetzen).

Anweisungen, die nicht dem Sprachstandard entsprechen, sind
zu unterlassen (Portabilität!).

Besonders begründet und durch Kommentare auffällig gekennzeichnet werden müssen:

- Programmiertricks und

- Sprünge rückwärts (besondere Schleifenbildungen).

Das fertige Programm von einem Kollegen gegenlesen lassen
(sind die Kommentare ausreichend? die Variablen-Namen
hinreichend selbsterklärend? der Modul im ganzen verständlich?).

Einige Regeln für die Codierphase erfahren ihre Begründung im nächsten Kapitel (Modulgröße, Vermeidung von Literalen, u.a.). Zum
vorletzten Punkt ist folgendes anzumerken:

Wenn schon unbedingt Programmiertricks angewandt werden müssen,
sind sie im geforderten Kommentar ausführlich zu begründen (warum
ist dieser Trick nötig?) und zu beschreiben (worin besteht der
Trick im einzelnen?). Dies ist wichtig für Änderungen, die auch in
den Trickbereich eingreifen können. Ich selbst mußte einmal ein
mit äußerster Raffinesse geschriebenes Assemblerprogramm, welches
ca. 4 cm große "Buchstaben" mit dem Schnelldrucker ausgibt, für
einen bestimmten Zweck adaptieren. Das Programm enthielt weder
Kommentare noch eine Beschreibung des Verfahrens. Nach langen
Stunden emsigen Bemühens bin ich gescheitert und habe mich hinge-
setzt und selbst ein derartiges Programm entworfen und codiert.

2.4 Testen

Unser Programm ist geschrieben. Jetzt müssen wir nachweisen, daß
es das tut, was wir von ihm verlangen. Ideal wäre es, wir könnten
die Korrektheit eines Programmes auf einfache Art, vielleicht sogar
maschinell, beweisen. Davon sind wir jedoch noch weit entfernt,
obwohl - wie bereits erwähnt - die Forschung dieses Feld intensiv
beackert. Früchte, die dort geerntet werden, sind für den Praktiker - bisher wenigstens - "ungenießbar". Andererseits können wir

Produkte daraus für unsere Arbeit ohne weiteres verwenden: die
Strukturierte Programmierung, wie ich sie in Kapitel 1 vorgestellt
habe, ist solch ein Produkt.

2.4.1   Der Schreibtischtest

Was macht man nun, um ein Programm auf Korrektheit zu prüfen? Das
Übliche ist zunächst ein sog. Schreibtischtest, d.h. man spielt
Computer und durchläuft in Gedanken mit fiktiven Daten das ganze
Programm. Dies ist ein mühsames und fehleranfälliges Geschäft;
die vertrackten logischen Fehler findet man auf diese Weise meist
nicht, so wie man viele Flüchtigkeitsfehler eines selber geschrie-
benen Textes beim Korrekturlesen nicht findet: man ist betriebsblind.

Besser scheint da die Verifikation eines Programmes zu sein, d.h.
der Beweis seiner Korrektheit. Viele Autoren, etwa [24/25, 56, 42,
1], empfehlen dieses Vorgehen; einige fordern darüberhinaus die
Programmierer auf, schon beim Entwurf des Programmes dessen Verifikation mit einzuplanen.

Verifikationen aber sind lang, kompliziert und oft schlecht zu lesen [8]. Der Praktiker kann so nicht verfahren, denn "die Verifikation auch nur eines winzigen Programms kann sich über Dutzende
von Seiten erstrecken".

Weiterhin spricht gegen die Verifikation von Programmen in der
Praxis, daß bisher nur Algorithmen verifiziert wurden. "Die Spezifikationen für Algorithmen sind in hohem Maße stabil, stabil
über Dekaden oder Jahrhunderte gar; die Spezifikationen für reale
Systeme ändern sich täglich oder stündlich (wie jeder Programmierer
bezeugen kann)". Und da wir wissen, daß die Änderung auch nur
einer einzigen Anweisung verheerende Folgen haben kann, müßte das
ganze Programm erneut verifiziert werden.

Was tut nun der Praktiker?

Wenn das Programm (oder eine Korrektur) in der ersten Fassung vorliegt und man seine Arbeit einem Schreibtischtest unterziehen will,
sollte man nicht - wie gesagt - das Programm nachrechnen, denn das

kann der Computer viel besser. Man sollte sich vielmehr die Strukturblöcke einzeln vornehmen, aber nicht, um die Anweisungen Schritt
für Schritt nachzuvollziehen, sondern um zu überschlagen, ob die
Verarbeitungsziele (objectives) erreicht werden.

Es gibt ein probates Mittel, den Schreibtischtest wirkungsvoll zu
unterstützen: Man benutzt die Suchfunktion des Editors und läßt
sich z.B. über das ganze Programm auflisten:

- alle GO TO,
- alle Sprungziele,
      [Man sucht alle Ziffern in Position 1 bis 5 (FORTRAN); alles,
      was in den Positionen 8 bis 11 Eintragungen hat (COBOL). Bei
      ALGOL, PL/1 und PASCAL wird's schwierig: man kann sich das
      Suchen erleichtern, indem man nur die Marken linksbündig auf-
      schreibt, alle anderen Anweisungen dagegen etwas einrückt]
- alle if,
- alle Schleifen- und Block-"Klammern",
      [alle "DO" und "CONTINUE" (FORTRAN), alle "DO", "BEGIN" und
      "END" (PL/1), etc.]
- alle Prozeduraufrufe, und
- alle Kommentarzeilen.

Diese Listen geben Aufschluß darüber,

- ob und wo man Regeln der Strukturierten Programmierung verletzt
  hat, also wo das Programm nicht strukturiert ist,
- ob läßliche Verstöße gegen die Programmvorgaben vorkommen, und
- ob die Kommentare vollständig und ausreichend sind.

Sollte der Editor, der Ihnen zur Verfügung steht, einige dieser
Leistungen nicht erbringen können, lohnt es sich u.U. selber derartige Programme zu schreiben, denn vor allem bei größeren Moduln
sind solche Listen sehr aufschlußreich.

2.4.2   Der Maschinentest

De Millo, Lipton und Perlis [8] fordern uns auf, unsere Bemühungen
nicht auf die Verifikation von Programmen zu konzentrieren, sondern
auf deren Zuverlässigkeit (reliability). Zuverlässige Programme
sind gründlich getestet. Wie testet man ein Programm auf der Maschine?

Die gängige, weil einfachste <u>Test-Strategie</u> heißt <u>big bang</u>: Man
wirft das ganze Programmpaket auf die Maschine, füttert es mit pas-
senden Daten und wartet, bis es kracht.

Vernünftige Strategien dagegen sind

-   top down,
-   bottom up,
-   hardest first (up down).

Die Strategie <u>top down</u> ist bei Anwendungssoftware angemessen: man
testet zunächst den Steuerungsmodul, indem man die gerufenen Moduln
durch sog. "stubs" ("Stümpfe", Platzhalter) ersetzt. Stubs bestehen im einfachsten Falle nur aus einem RETURN, ohne weitere Leistungen, oder sie liefern Daten ab, die in ihnen selbst als Konstante abgelegt sind; Platzhalter schließen gleichsam die Schnittstellen kurz.

Ist dieser Test erfolgreich abgelaufen, werden die Platzhalter der
Reihe nach durch die echten Moduln ersetzt, die ihrerseits Platzhalter aufrufen; so fährt man fort, bis man "unten" angekommen
ist. Schematisch ist dieses Vorgehen in Fig. 35 dargestellt.

Die Strategie <u>bottom up</u> wird zweckmäßigerweise bei betriebssystem-
naher Software benutzt: anstelle der "stubs" verwendet man "driver", welche die zu testenden Moduln, etwa E/A-Routinen oder Feh-
lerbehandlungsroutinen, "antreiben". Die Bottom-up-Strategie ist
leichter zu handhaben als die Top-down-Strategie, da Platzhalter in
der untersten Ebene sehr aufwendig sein können. Bottom up ist der
übliche Weg, Unterprogramme zu testen.

Die Strategie <u>hardest first</u> beginnt mit dem schwierigsten Modul,
quasi in der Mitte, und dehnt sich nach oben und unten aus (up
down). Sie wird mitunter bei komplexen Systemen angewandt und ist
am aufwendigsten, da sie beides, Stubs und Driver, erfordert, klärt
aber gleich am Anfang der Testphase die schwierigsten Probleme.
Die Rückkopplung auf die Programmierung ist dabei sehr wirkungsvoll.

Nachdem wir die Test-Strategie festgelegt haben, erhebt sich die
Frage nach der <u>Methode</u>. Es gibt deren zwei:

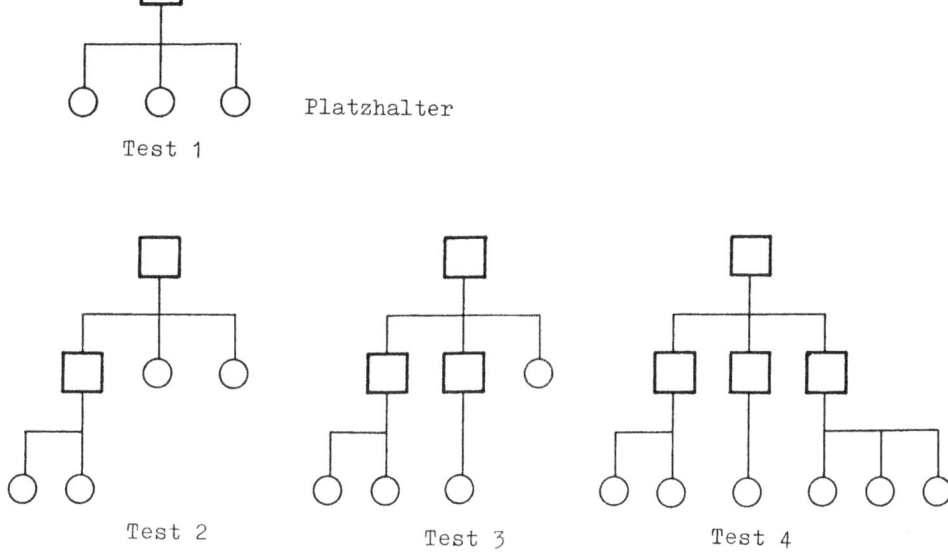

Fig. 35:   Zur Test-Strategie top down.

- black box   und
- white box.

Die Methode black box beleuchtet nur die Außenbeziehungen des Moduls: Man betrachtet seine Eingabespezifikationen, bereitet eine möglichst umfassende Kombination der Eingabedaten vor, und hofft, daß beim Test die erwarteten Ergebnisse herauskommen werden. Diese Methode wird häufig angewandt, ist aber verhältnismäßig wenig aussagekräftig, weil die Auswahl der Testdaten oft dem Zufall überlassen bleibt; überdies verbraucht sie viel Rechenzeit.

An dieser Stelle muß die oft zitierte Bemerkung von Dijkstra erwähnt werden, wonach Testen nur "die Anwesenheit von Fehlern nachweisen kann, nie aber deren Abwesenheit!".

Die Methode white box schaut in den Modul hinein und untersucht die Abläufe und Datenflüsse im Innern (daher wäre die Bezeichnung gläserne Box anschaulicher). Man geht dabei folgendermaßen vor:

An bestimmten Stellen des Programms markiert man sog. Testpunkte
(die man durchnumeriert), und zwar immer direkt hinter sog. Entscheidungsknoten, d.h. hinter if- oder case-Anweisungen (entsprechend bei Schleifen), da sich an diesen Stellen die Programmpfade
spalten. Beispiele:

if   b   oder   while b
     then   (1) f_1 do
                                                  f
     else   (2) f_2 (3)   {Testpunkt Nr. 3}
fi;   od;

Ebenso trägt man beim Eingang und beim Ausgang einen Testpunkt ein,
z.B.:

(1)

    if b_1
       then   (2)   while b_2
            do
                    f_2
                  (3)
           od;
      else   (4)   if b_3
                  then   (5) f_3
               fi;
   fi;
(6)

Damit kann man die Programmpfade eindeutig kennzeichnen. Das ergibt in unserem Beispiel die vier Pfade

$$1 - 2 - 3 - 6,$$
$$1 - 2 - 6,$$
$$1 - 4 - 5 - 6,$$
$$1 - 4 - 6.$$

Man kann sich auch das Ganze als gerichteten Graphen aufzeichnen
(Fig. 36): Die Knoten stellen Bedingungen dar (Bedingungsknoten!),
die Kanten die erbrachten Leistungen (auch leere). An den Kanten
mit Leistungen bringt man die Testpunkte an. Wer es nicht lassen
kann, "darf" auch Ablaufdiagramme nach DIN 66 001 dazu benutzen.

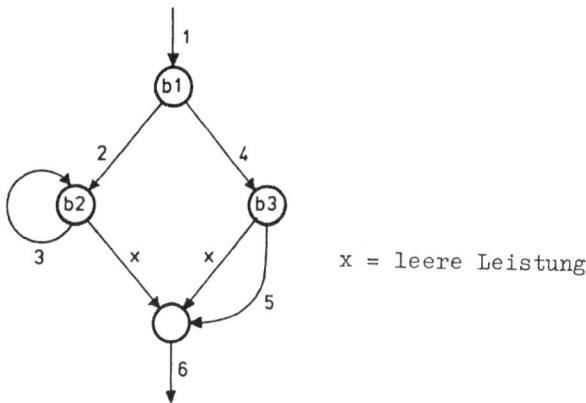

x = leere Leistung

Fig. 36:   Zur Test-Methode white box: Gerichteter Graph mit
           Testpunkten.

Zur <u>Ermittlung der Testdaten</u> machen wir eine Anleihe bei den Entscheidungstabellen, die wir - neben den Bedingungen und Aktionen -
um einen dritten Bereich erweitern: Daten. Für unser Beispiel erhält man die Tabelle

	1	2	3	4
b_1	J	J	N	N
b_2	J	N	–	–
b_3	–	–	J	N
f_2	X			
f_3			X	
Daten				

. . . . Nr. des Pfades, d.h. Nr. des Testfalles

. . . . . . Bedingungen

. . . . . Aktionen

. . . . Daten

Die (Test-) Daten lassen sich dann leicht auswählen. Jeder Test-
fall bedeutet, daß das Testobjekt mit der betreffenden Datenkombi-
nation durchlaufen werden muß.

Im Falle der Subroutine INDEX erweitern wir die Entscheidungstabelle von S. 75 um zwei Zeilen, je eine für i und k , in die wir dann sofort entsprechende Werte eintragen können:

Regel: Testfall:	6 1	7 2	8 3	10 4	11 5	12 6	14 7	15 8	16 9
...									
Daten: i =	0	0	0	301	301	301	37	37	37
k =	0	301	37	0	301	37	0	301	37

Diese Tabelle liefert die Testdaten für den Strukturblock f_{21} (Fehlerfall), da wir nur dafür die Entscheidungstabelle entworfen hatten; für f_{22} (Normalfall) müssen wir sie noch erweitern (vgl. S. 41):

> ①
> if i < k
>   then ② ...
>   else ③ ...
> fi;
> j := ...;
> ④

Das liefert die Pfade

$$1 - 2 - 4 \quad \text{und}$$
$$1 - 3 - 4.$$

Damit erweitern wir die Tabelle um drei Bedingungen und zwei Testfälle:

Testfall:		1	...	8	9	10	11
Bedingungen:	i < k	-	...	-	N	J	N
	i > k	-	...	-	N	N	J
	i = k	-	...	-	J	N	N
Daten:	i =	0	...	37	37	37	38
	k =	0	...	301	37	38	37
Ergebnisse:	j =	-	...	-	703	704	740

Die zugehörigen Werte für j müssen wir zu Fuß ausrechnen.

Dieser Aufwand zum Programmtest erscheint Ihnen zu hoch? Maschinenteile werden gründlichen Qualitätskontrollen unterzogen, bevor sie die Produktionsstätte verlassen. Bei Programmen glaubt man darauf verzichten zu können. Wirklich?

Zwei Empfehlungen zum Schluß:

- Wer soll testen? Wenn möglich n i c h t der Autor des Programms, denn der ist "betriebsblind".

- Jeder Test muß dokumentiert werden für spätere Prüfungen und Programmänderungen etc.; Testdaten aufheben!

Viele Anregungen und Ideen zum Thema Testen verdanke ich Harry M. Sneed, schriftlich fixiert u.a. in [45, 46].

2.5 Fehlersuche

Unser Test ist gelaufen. Wir haben natürlich - wie Dijkstra prophezeite - Fehler im Programm. Einige Fehler findet man schnell: man korrigiert sie und testet weiter. Viele Fehler aber findet man nicht so schnell; man zieht sich dann ins stille Kämmerlein zurück und grübelt über den Listen, manchmal Stunden um Stunden.

"Wenn Du etwas wissen willst und es durch Meditation nicht
finden kannst, so rate ich Dir, mein lieber, sinnreicher
Freund, mit dem nächsten Bekannten, der Dir aufstößt, darüber zu sprechen. Es braucht nicht eben ein scharfden-
kender Kopf zu sein, auch meine ich es nicht so, als ob
Du ihn darum befragen solltest, nein! Vielmehr sollst Du
es ihm selber allererst erzählen. ...

Und siehe da, wenn ich mit meiner Schwester davon rede,
welche hinter mir sitzt und arbeitet, so erfahre ich, was
ich durch ein vielleicht stundenlanges Brüten nicht heraus-
gebracht haben würde. ..."

(Heinrich v. Kleist)

Gerade bei der Fehlersuche habe ich die Bedeutung dieses Zitats an
mir und meinen Mitmenschen sehr oft beobachten können.

2.5.1   Typische Fehler und ihre Vermeidung

Ideal wäre es, wir könnten aus einem Fehlerereignis, etwa einem
Gleitpunktüberlauf, unmittelbar auf die Fehlerursache schließen.
Aber ein Gleitpunktüberlauf kann z.B. die Folge von verschiedenen
Fehlern sein:

- Division durch Null (bzw. durch eine sehr kleine Zahl),
- falsche Schleifenterminierung (sog. "unendliche" Schleifen),
- Anweisungen in der Reihenfolge vertauscht, oder andere Flüchtigkeitsfehler,
- falscher Algorithmus.

Wir müssen anders vorgehen. Ich werde zwölf Fehler nennen, von
denen ich annehme, daß sie typisch sind, sich also immer wieder
einschleichen, auch wenn sie noch so trivial zu sein scheinen.
Diese Zusammenstellung ist natürlich unvollständig; meine Absicht dabei ist, daß wir

- Sensitivität für Fehlermöglichkeit entwickeln, d.h. eine Nase
  für die Fehlerfallen, die überall ausgelegt sein können,
- typische Fehlerstellen schnell aufspüren,
- prophylaktische Maßnahmen zur Vermeidung dieser Fehler er-
  greifen.

Nicht zuletzt ist Erfolg in der Fehlersuche direkt abhängig von
der Erfahrung, und Erfahrung kann man nicht aus einem Buch lernen.

Programm-Fehler lassen sich in drei Gruppen einteilen, wiewohl die Grenzen fließend sind:

- arithmetische Fehler,
- organisatorische Fehler,
- Schnittstellenfehler.

Betrachten wir zuerst die arithmetischen Fehler:

1.) Gleitpunktzahlen auf Gleichheit geprüft.

Abhilfe: Schreiben Sie statt

if x = y then ...

lieber

epsilon := max (abs(x) * 0.5 E-10, abs(y) * 0.5 E-10);
if abs (x - y) < epsilon then ...

oder benutzen Sie ähnliche Konstruktionen, die vom Algorithmus und dessen Spezifikationen abhängen.

2.) Division durch Null.

Abhilfe: trivial, wird aber immer wieder vergessen; bei Gleitpunktzahlen muß man auf "epsilon" abfragen.

3.) Überlauf (overflow) kann verschiedene Ursachen haben, etwa

- Datenfehler,
- falsche Schleifenparameter, falsche Endabfragen bei Iterationen,
- falsche Algorithmen.

Man muß dann dort weiter suchen.

Überlauf von real-Größen meldet das Betriebssystem, nicht aber Überlauf von integer-Größen! Außerdem kann man in höheren Programmiersprachen diesen Überlauf nicht abfragen.

Abhilfe: Wenn integer-Zahlen sehr groß werden können, sollte man vor jeder Zuweisung untersuchen, ob sie im erwarteten Maße zunehmen. Beispiel:

```
Statt              j := j * k;              {j,k > 0}

besser:            zwisch := j * k;

                   if  zwisch < j
                      then  Überlauf ist möglicherweise
                            eingetreten
                      else  j := zwisch
                   fi;
```

Wir kommen nun zu den organisatorischen Fehlern, d.h. Fehlern in
der Programmablaufsteuerung:

4.) Falsche Schleifenparameter treten insbesondere bei variablen
Grenzen auf. Folge: Arrays werden über ihre Grenzen hinaus beschrieben, u.U. werden Befehle überschrieben.

Abhilfe: V o r Eintritt in die Schleife die Schleifenparameter
überprüfen und in der Schleife selbst nicht verändern. Analoges
gilt für die case-Anweisung und ihre Übertragung in Programmiersprachen, etwa für GO TO ... DEPENDING ON ... (COBOL) oder das
Computed GO TO (FORTRAN). Überhaupt sollte man den Abbruchbedin-
gungen von Schleifen erhöhte Aufmerksamkeit widmen.

5.) Bei Programmänderungen nicht alle Literale geändert, die geändert werden müssen. Das ist besonders heimtückisch bei Literalen sekundärer Art, d.h. Literalen, die von Literalen abgeleitet
sind.

Abhilfe: Literale im Prozedurteil vermeiden. "Die Schmutzarbeit
dem Computer überlassen", d.h. die sekundären Literale berechnen
lassen. Stattdessen benannte Konstante bzw. Variable benutzen.
Ich komme im Abschnitt 3.2 noch einmal darauf zu sprechen.

6.) Eine Variable für mehrere Zwecke benutzt. Beispiel für einen
beliebten Fehler in FORTRAN:

```
          K = 6
          WRITE (K, ...) ...
          DO 25 K = 1, N
          ...
     25   CONTINUE
          WRITE (K, ...) ...
```

Abhilfe: Implizite Deklarationen vermeiden.

7.) Wildes Umherspringen. Absurd formuliert: Man springt soweit weg, daß man das Sprungziel aus den Augen verliert. Das führt zu unkontrollierbaren Aktionen und damit zu Fehlern [10].

Abhilfe: Liegt auf der Hand. Bei niederen Programmiersprachen, wie Assembler, die sog. Rucksacktechnik vermeiden! (Wer die Rucksacktechnik kennt, weiß, was ich meine; wer sie nicht kennt, soll sie gar nicht erst kennenlernen).

8.) Falsche Abfragekaskaden, Bedingungen falsch formuliert.

Abhilfe: Entscheidungstabellen verwenden.

9.) Nicht erlaubte rekursive Programmaufrufe können in stark modularisierten Systemen vorkommen: Geschachtelte, dadurch indirekt rekursiv gewordene Aufrufe finden weder Compiler noch Binder.

Abhilfe: Bei modular aufgebauten Programmsystemen müssen die einzelnen Moduln streng hierarchisch voneinander abhängen (vgl. Abschnitt 1.2); der "Dienstweg" ist auf jeden Fall einzuhalten.

10.) Variable nicht initialisiert; wird oft vergessen in Unterprogrammen, wo nur eine dynamische Vorbesetzung möglich ist; alte Werte von früheren Aufrufen überleben dann.

Damit kommen wir zu den Schnittstellenfehlern:

11.) Eingabedaten nicht überprüft. Eingabedaten (Eingabeparameter) müssen stets (!) überprüft werden auf

- Anzahl (der Parameter),
- Reihenfolge (der Parameter in der Aufrufsequenz),
- Typ,
- Wertebereich;

dementsprechende detaillierte Fehlermeldungen müssen auf jeden Fall ausgegeben und anschließende Reaktionen überlegt werden. Dazu mehr in Kapitel 3, speziell Abschnitt 3.4.

12.) Ausgabedaten nicht überprüft. Grundsätzlich gilt das gleiche wie bei den Eingabedaten, insbesondere aber:

- Daten stimmen bei der Übergabe an Unterprogramme im Typ
  nicht überein (Widerspruch zwischen formalen und aktuell-
  len Parametern),
- in FORTRAN zusätzlich: Widerspruch zwischen FORMAT-Anga-
  ben und den auszugebenden Daten.

Ursache (in FORTRAN): Mixed-Mode-Expressions oder versehentlich
falsche (implizite!) Typdeklarationen benutzt.

Bezüglich der Schnittstellen kann man viel von Betriebssystemen
lernen: In sog. Kontrollblöcken (Versorgungsblöcken) faßt man
dort alle Parameter (bzw. Verweise darauf) zusammen und übergibt
beim Modulaufruf nur die Adresse des Kontrollblocks. Und weiter:
In einem System sollte man nur eine, d.h. einheitliche
Aufrufkonvention benutzen!

Derartigen Vorbildern kann man noch folgendes entnehmen: "Man
schätzt, daß mehr als die Hälfte des Codes jedes realen Produkti-
onssystems aus Benutzerschnittstellen und Fehlermeldungen besteht".

Schließlich dürfte sichtbar geworden sein, daß in der Datenverarbeitung gilt, was auch in der Medizin seit jeher gilt: "Vorbeugen
ist besser als Heilen".

2.5.2 Unterstützung bei der Fehlersuche

In diesem Unterabschnitt muß ich leider allgemein bleiben, da die
Unterstützung, die die einzelnen Programmiersysteme dem Benutzer
gewähren, sehr unterschiedlich sind (sog. Debugging Compiler, interaktive Testhilfen, etc.); was nützt es einem IBM-Benutzer, wenn
ich Hilfen schildere, die ein MULTICS-Benutzer anwenden kann.

Am bequemsten hat es der COBOL-Programmierer, dem COBOL-74 zur Verfügung steht: er kann ausgiebig von den Debugging-Zeilen Gebrauch
machen, die - deaktiviert - im Quellcode stehen bleiben und (als
Kommentare) unwirksam sind (der FORTRAN-Programmierer kann ähnliches tun, indem er die "Debugging-Zeilen", die er ins Programm ein-
geschoben hat, mit einem "C" in Spalte 1 unwirksam macht). Benutzer
anderer Sprachen sollten sich anregen lassen, vergleichbares zu tun.

Beispiel (in COBOL):

```
D␣␣␣␣DISPLAY "++++ MODUL KUNIBERT:  ANFANG ERREICHT.".
D␣␣␣␣DISPLAY "++++ MODUL KUNIBERT:  ANZAHL  N = ", N.
```

Nicht nur Zahlen und dergleichen drucken, sondern auch die Daten
mit begleitendem Text versehen (wie heißt diese Variable?) und -
sehr wichtig! - Name des Moduls, aus dem diese Meldung kommt.

Debugging Compiler bieten weitere Hilfen an, wie das Setzen von
Haltepunkten an sensitiven Programmstellen, an denen man dann mit
interaktiven Testhilfen sich den Inhalt von Variablen zeigen, diese
verändern und das Programm anschließend weiterlaufen lassen kann.
Man kann sich auch Teile des Datenbereichs dumpen lassen.

Als letzte Hilfe bietet sich die TRACE-Routine an, die fast überall
verfügbar ist. Aber diese Hilfe sollte nur gezielt und wohlüber-
legt eingesetzt werden, um die Belastung des Druckers in Grenzen zu
halten: TRACE also rechtzeitig wieder abschalten.

Zum Abschluß dieses Abschnitts noch folgende Hinweise:

- Soviel überprüfen wie möglich: Ein Programm soll sich gegen
  Mißbrauch wehren können!

- Bei aufgefangenen Fehlern eine detaillierte Fehlermeldung ausgeben. Näheres dazu in Abschnitt 3.4.

- Bei jedem GO TO überlegen: geht's auch anders? Kann man statt
  dessen etwa einen Unterprogrammaufruf verwenden?

- Wenn man zuviel ändern muß: Besser neu schreiben!

3. Programmierstil

> Wer nachlässig schreibt, legt dadurch zu-
> nächst das Bekenntnis ab, daß er selbst
> seinen Gedanken keinen großen Wert bei-
> legt.
>
> Schopenhauer

> Programmierer neigen sehr stark dazu, die
> Bedeutung eines guten Stils zu unterschät-
> zen.
>
> Kernighan u. Plauger

3.1 Allgemeine Stilfragen

Der Programmierer sagt: Ich schreibe ein Programm. Der Schrift-
steller sagt: Ich schreibe ein Buch. Beide Autoren formulieren
ihre Gedanken in einer Sprache, beide erzeugen ein Stück Text. Ist
Programmieren also eine literarische Tätigkeit?

In den U.S.A. veröffentlichte 1919 W. Strunk ein Büchlein mit dem
Titel "The Elements of Style" [47]. Wesentlich darin sind Regeln,
nach denen sich ein Prosa-Schriftsteller zu richten habe. C. B.
Kreitzberg und B. Shneiderman griffen 1972 mit ihrem Buch "The Ele-
ments of FORTRAN Style" [31] Strunks Idee auf: "Diese Regeln bil-
den ein Fundament, auf dem man Programmierstil definieren kann".
Zwei Jahre später taten B. W. Kernighan und P. J. Plauger mit ihrem
Buch "The Elements of Programming Style" [30] ähnliches: "Form und
Methode dieses Buches sind stark beeinflußt durch 'The Elements of
Style' von W. Strunk und E. B. White".

Da ich mich an deutschsprachige Leser wende, suchte ich nach einem
deutschen Strunk und stieß auf L. Reiners: "Stilkunst - Ein Lehrbuch deutscher Prosa" [41]. Ich forschte darin nach Regeln im Sinne Strunks, fand jedoch keine. Das Leitmotiv des Buches von Reiners ist vielmehr der Satz von F. Nietzsche: "Den Stil verbessern
- das heißt den Gedanken verbessern und nichts weiter!".

Damit wird eine grundsätzlich andere Einstellung zu Stilfragen
deutlich:

Die Amerikaner sind Positivisten, sie stellen Regeln auf und hoffen,
daß ihre Leser, indem sie diese Regeln befolgen, einen guten Stil
schreiben werden. Sie kommen von außen und versuchen von dort her
das eigentliche Problem zu fassen.

Reiners geht entgegengerichtet vor, von innen nach außen: Klare
Gedanken sind die Voraussetzung für einen guten Stil, aus klaren
Gedanken ergibt sich guter Stil fast von selbst.

Beide Methoden haben ihren Wert und sind in der Lage, ihre Anwender
zu einem besseren Stil zu verhelfen. Meine Sympathie gehört jedoch
Reiners:

Zum einen halte ich es für gefährlich, allein Regeln anzugeben, die
man nur anzuwenden braucht, um das erstrebte Ziel zu erreichen.
Ein Regelwerk zu befolgen kann man zwar als eine der Informatik ge-
mäße Denkweise ansehen, aber jeder Mathematiklehrer kennt viele
Schüler, die nur "rechnen", d.h. gelernte Regeln schematisch anwenden, ohne auf die Voraussetzungen zu achten, und deswegen falsche
Lösungen abliefern. Ich strebe statt dessen an, die Einstellung
des Programmierers zu seiner Arbeit zu ändern. Das ist ein hohes
Ziel, und ich weiß nicht, ob ich es erreiche, aber ich bin Optimist.
Ich hoffe, daß der Programmierer aus der geänderten Einsicht über
das Wesen der Programmentwicklung für sich selbst individuelle Regeln aufstellt, die er dann - weil sie sein eigen sind - befolgt,
richtig und sinngemäß (vgl. auch [15]).

Zum andern: Strunk schreibt englisch, Reiners deutsch. Es ist erwiesen, daß die Struktur der Sprache das Denken wesentlich beeinflußt: "Die Verschiedenheit der Sprachen - sagt Humboldt - ist
nicht eine Verschiedenheit an Schällen und Zeichen, sondern eine
Verschiedenheit der Weltansichten selbst". Eine Stilkunde für
deutsch schreibende und deutsch denkende Leser muß daher in ihrer
Struktur anders aussehen als eine für englisch schreibende und denkende.

Die These vom Einfluß der Sprache auf das Denken gilt auch für Programmiersprachen, was viele noch nicht wissen - oder wahr haben
wollen: Man sieht einer großen Zahl von COBOL-Programmen an, daß
ihre Autoren ursprünglich Assembler-Programmierer waren, sie denken
immer noch in Maschinenbefehlen statt in Strukturen. Ebenso ver-
heerend ist die Wirkung von FORTRAN.

Wirth ist überzeugt, "daß die Sprache, in welcher der Student lernt, seine Ideen auszudrücken, einen grundlegenden Einfluß darauf hat, wie er später denkt und Erfindungen macht". Analog stellen Kreitzberg und Shneiderman fest, "daß es anscheinend unmöglich ist, etwas zu denken, ohne Wörter oder Symbole zu benutzen. Dementsprechend ist es nicht möglich, einen Algorithmus zu entwickeln, ohne von der Natur der Programmiersprache beeinflußt zu sein, in der man schreibt".

Was soll man nun tun, um sich dem - meist unguten - Dunstkreis der gegenwärtig praktizierten Programmiersprachen zu entziehen? Da Sprache das Denken prägt, bleibt folglich nur übrig, sich einer anderen Sprache zu bedienen, wenn man das (eigene!) Denken ändern will, denn nur über eine veränderte Art zu denken kommen wir zu einem guten Programm.

Also wählen wir eine andere Programmiersprache, etwa PASCAL, weil dies die einzige gängige Sprache ist, die alle Anweisungen der Strukturierten Programmierung enthält (wovon z.B. Schnupp und Floyd Gebrauch machen [42]). Nun ist PASCAL noch nicht überall verfügbar und es gibt viele gute Gründe, bei den "alten" Sprachen zu bleiben (vgl. Schnupp: "Ist COBOL unsterblich?" [43]). Also warten wir auf den neuen COBOL-Standard, der 1981 erscheinen sollte [16, 37], oder auf ADA [54]. Oder wir resignieren und schreiben weiter so in FORTRAN, wie bisher.

Selbstverständlich brauchen wir nicht zu resignieren, denn wir können auch und sogar in FORTRAN "gute" Programme schreiben, die insbesondere leicht lesbar sind. Die folgenden Abschnitte sollen das zeigen. Wir müssen nur lernen, FORTRAN (oder eine der anderen Sprachen) auf eine neue Weise zu sehen, nämlich als ein - wenn auch unvollkommmenes - Mittel, unsere Gedanken (dem Computer) mitzuteilen. Die Voraussetzungen dazu sind, daß wir uns auf ein höheres Niveau erheben und dort, oberhalb der Ebene der üblichen Programmiersprachen, unsere erstrebte "neue Sprache" definieren: Wir formulieren unsere Gedanken im Pseudocode und lassen uns durch HIPO, Struktogramme und die anderen genannten Hilfsmittel unterstützen. Mit dieser "Sprache" werden wir von der Programmiersprache unabhängig, in der wir dann später codieren. So kommen wir zu einem guten Stil.

"Wer ernsthaft versucht, nicht durch Erlernung einzelner
Stilmätzchen, sondern durch allmähliche Schulung seines
Stilgefühls seinen Stil zu verbessern, ... der wird mit
Erstaunen feststellen: der Kampf um den Ausdruck ist ein
Kampf um den Inhalt. Um einen Gedanken knapp und kristall-
klar zu formulieren, muß man ihn bis zum Ende durchdacht
haben; ... Die Form ist der Prüfstein des Gehalts. Wer
gewohnt ist, an seinen Stil unabdingbare Ansprüche zu stellen, der ist immer wieder gezwungen, seine Gedanken neu zu
durchdenken, ..." (Reiners).

Ich stütze mich beim Thema Stil immer wieder auf Autoren außerhalb unseres Fachgebietes. Ein Grund dafür ist:

Die Einstellung zum Programmieren ändert sich, sie wird - wenn man
so will - literarischer. Schauen Sie sich Ihre Kollegen an, hat
nicht jeder seine persönliche Art, ein Programm zu schreiben? Sind
nicht auch Sie in der Lage, angesichts einer Seite Code anzugeben,
wer diesen Code geschrieben hat?

So wie es gute und schlechte Stilisten unter den Literaten gibt,
gibt es gute und schlechte Stilisten unter den Programmierern.
P. Naur [36] beklagte, daß es noch keinen Shakespeare unter den
Programmierern gäbe. P. Schnupp pflichtet ihm bei, meint aber,
in COBOL gäbe es wenigstens Karl May [43].

Sie haben doch sicherlich auch irgendwelche Programme liegen, die
Sie so nebenbei heruntergeschrieben haben, um schnell ein aktuelles
Problem zu lösen, und die heute noch verwendet werden. Wieviel Mühe hätte es gekostet, diese Programme auch stilistisch sauber zu
schreiben? Ich behaupte: nicht viel! In den folgenden Abschnit-
ten will ich diese Behauptung zu belegen versuchen.

Zunächst wollen wir die Form betrachten, die ja in der Literatur -
und nicht nur da! - eine grundlegende, für viele sogar die wichtigste Rolle spielt. Sodann wenden wir uns dem Inhalt zu, der in diese Form gegossen werden soll. Schließlich gebe ich Ihnen noch
einige Hilfen und Arbeitserleichterungen mit auf den Weg.

3.2 Verbesserung der Lesbarkeit

Ich muß Ihnen etwas gestehen: ich habe eine Schwäche für ästhetisch
gestaltete Texte. Da ein Programm ein Stück Text ist, geht mein

Bestreben dahin, auch meine Programme gewissen ästhetischen Min-
destanforderungen zu unterwerfen. Wenn ich mich hinsetze, um ein
Programm zu schreiben, denke ich ständig an den künftigen Leser,
nicht zuletzt an mich selbst, denn wenn ich mir das Programm aber-
mals vornehmen muß, nach einigen Monaten etwa, möchte ich es noch
genausogut lesen können und wissen, was ich damals gemacht habe!
Darüberhinaus weiß ich: ein gut gestaltetes Programm bereitet mir
beim Wiedersehen genausoviel Freude wie bei seiner Ausarbeitung.
Diese Freude nun möchte ich auch anderen vermitteln, nämlich denjenigen, die mein Programm lesen werden.

Weil ein ansprechend gestaltetes Programm gut lesbar ist, ist es
auch leichter verständlich. Wenn man sich bemüht, ein Programm
"schön" zu formen, steigert sich automatisch seine Qualität.

Denkt der Programmautor bei der Niederschrift ständig an den Leser
seiner Formulierungen, werden sie von selbst besser. Man nennt
diese Methode "egoless programming": Der Programmierer tritt hinter sein Werk zurück, er dient der Idee; seine Aufgabe ist es,
diese Idee einem anderen deutlich zu machen; seine Aufgabe ist es
nicht, einem anderen zu demonstrieren, welche Programmiertricks er
beherrscht. Es darf nicht geschehen, daß der Programmbenutzer den
Autor fragen muß, was denn dieses sei und jenes zu bedeuten habe.
Der Text, das Programm also, muß durch sich selbst verständlich
sein. Um dies zu verstärken, sollte man seinen Entwurf einem Kollegen zu lesen geben, mit der Bitte, ungeschickte Formulierungen
und Unklarheiten zu korrigieren. So handhabt man egoless programming in der Praxis.

Die heutigen Programmiersprachen eignen sich nicht alle gleich gut
für ein ästhetisch gestaltetes Lay-Out. Am heftigsten wehrt sich
FORTRAN dagegen. Darum werde ich in diesem Kapitel nur FORTRAN-
Beispiele bringen; die dabei erarbeiteten Gestaltungsvorschläge
lassen sich leicht auf andere Sprachen übertragen.

Zuerst wollen wir uns einmal ansehen, wie man es n i c h t machen
soll: auf der nächsten Seite finden Sie den Ausschnitt eines großen FORTRAN-Programms. Muß ich dazu viel sagen? Dabei ist dieses
Programm nicht einmal ein extremer Fall: die Anweisungsnummern
sind aufsteigend geordnet, die Sprungziele der arithmetischen IFs
sind abgesetzt, so daß man sie gleich findet. Der Programmautor

```
       I6=J6
       I7=J7
       IC=IC+1
       GOTO   207
209    IC=0
210    IF(IC-IP11)       211,212,212
211    L1=I1+I2-I3+I4*I5-I6*I7+I8*I9+I10+I11
       L2=I1-I2+I3+I4+I7-I5*I6-I8+I9+I11+I12
       L3=I1+I4-I5+I7*I3-I8+I11+I10+I9+I6+I7
       L4=I1-I4+I5+I7*I9-I11*I10-I2+I9+I3+I5
       L5=I11+I12-I13+I14*I15-I16+I17+I18+I19+I20+I21
       L6=I11-I12+I13+I14*I17-I15*I16-I18+I19+I21+I22
       L7=I11+I14-I15+I12*I13-I13*I21+I20*I19+I16+I17
       L8=I10-I14+I15+I17*I19-I21*I20-I12+I18+I13+I16
       L9=I21+I22-I23+I24*I25-I26*I27+I28*I29+I30+I31
       L10=I21-I22+I23+I24*I27-I25*I26-I28+I29+I31+I32
       IC=IC+1
       GOTO   210
212    IC=0
213    IF(IC-IP12)       214,241,241
214    ID=1
215    ID1=11-ID
       IFA(ID1)=IFA(ID)
       ID=ID+1
       IF(ID-11)     215,216,216
216    ID=1
217    ID1=51-ID
       IFB(ID1)=IFB(ID)
       ID=ID+1
       IF(ID-51)     217,218,218
218    JD=1
219    ID=1
220    ID1=101-ID
       IFC(ID1)=IFC(ID)
       ID=ID+1
       IF(ID-101)     220,221,221
221    JD=JD+1
       IF(JD-3)     219,222,222
222    JD=1
223    ID=1
224    ID1=11-ID
       KD=1
225    KD1=11-KD
       IFD(ID1,KD1)=IFD(ID,KD)
       KD=KD+1
       IF(KD-11)     225,226,226
226    ID=ID+1
       IF(ID-11)     224,227,227
227    JD=JD+1
       IF(JD-3)     223,228,228
228    JD=1
229    ID=1
230    ID1=51-ID
       KD=1
231    KD1=51-KD
       IFE(ID1,KD1)=IFE(ID,KD)
       KD=KD+1
       IF(KD-51)     231,232,232
232    ID=ID+1
       IF(ID-51)     230,233,233
233    JD=JD+1
       IF(JD-4)     229,234,234
234    ID=1
235    ID1=11-ID
       JD=1
236    JD1=11-JD
       KD=1
237    KD1=11-KD
       IFF(ID1,JD1,KD1)=IFF(ID,JD,KD)
       KD=KD+1
       IF(KD-11)     237,238,238
238    JD=JD+1
       IF(JD-11)     236,239,239
239    ID=ID+1
       IF(ID-11)     235,240,240
240    IC=IC+1
       GOTO   213
241    IC=0
242    IF(IC-IP13)       243,244,244
243    B7=(F1.AND.(.NOT.B2)).OR.((B1.OR.B2.OR.B3).OR.((.NOT.B1).AND.
      1(.NOT.B2).AND.(.NOT.B3)).AND.((.NOT.B4).OR.(B5.AND.B6)))
       B8=(.NOT.(B3.AND.(.NOT.B4))).AND.((B2.OR.B3.OR.B4).OR.(B1.OR.(
      1.NOT.B3).AND.(.NOT.B4)).AND.((.NOT.B5).AND.(B6.OR.B1)))
       B9=(B3.AND.(.NOT.B2)).OR.((B3.OR.B1.OR.B4).OR.((.NOT.B3).AND.
      1(.NOT.B1).AND.(.NOT.B4)).AND.(((.NOT.B6).OR.(B2.AND.B4))))
```

hat also schon an seine Leser gedacht, aber - wie man sieht - noch
viel zu wenig.

Das, was sofort ins Auge springt, ist das Fehlern jedweder Gliederung (ich versichere, es geht seitenlang so weiter!). Reiners
schreibt:

> "Ein ständiges Augenhilfsmittel ist der Absatz. Schreiber,
> welche seitenlang ohne Absatz weiterplaudern, verdienen nicht
> gelesen zu werden. Jeder Gedankengang hat von Zeit zu Zeit
> einen Einschnitt. Der Leser muß ihn erfahren."

Für uns bedeutet das: Einfügen von <u>Leerzeilen zur optischen Glie-
derung</u> des Programms in seine logischen Abschnitte.

EinandereswichtigesGliederungsmittelistder<u>Zwischenraum</u>,derdieWörter
trennt. Kein Mensch schreibt so, aber viel zu viele Programmierer
muten den Lesern ihrer Programme ein derartiges Geschreibsel zu!
Schuld daran ist das formale Prinzip, nach dem Operatoren, wie +
oder * , zugleich auch als Separatoren dienen, welche die Operan-
den (Namen der Variablen etc.) "trennen". Nur COBOL verlangt, daß
Operatoren wie reservierte Wörter und Bezeichner in Zwischenräume
eingeschlossen werden. Dies sollte der Praktiker auf andere Sprachen übertragen; wenn man sich das einmal vorgenommen hat, gewöhnt
man sich auch schnell daran, bei den entsprechenden Stellen immer
auf die Leertaste zu drücken, die ja ohnedies schön groß ist, man
kann sie gar nicht verfehlen! Zwei einfache Beispiele dazu:
Schreiben Sie

statt   Y(3)=U*Z**2+V*Z

lieber   Y(3) = U * Z**2 + V * Z

oder statt   IF(A.GE..5)GOTO 50

lieber   IF (A .GE. 0.5) GO TO 50

Ich selbst habe mich so sehr an das Schreiben m i t Zwischenraum
gewöhnt, daß es mich mehr Mühe kostet, die negativen Beispiele auf-
zuschreiben, als die Verbesserungen.

Ein weiteres wirksames, optisches Gestaltungsmittel besteht darin,
das Innere eines Blocks um ein paar Anschläge <u>einzurücken</u>, was bei
den blockorientierten Sprachen, wie ALGOL, PL/1 und PASCAL, üblich

ist. Dasselbe für den Pseudocode habe ich in Kapitel 1 schon hinreichend vorgeführt. Ähnliches läßt sich aber auch in FORTRAN ohne Mühe erreichen. Um etwa die Klammerung (begin ... end) in FORTRAN deutlich zu machen, sollte jede DO-Schleife mit einem CONTINUE enden. Beispiel:

```
         DO 15 J = 1, 5
            A(J) = ...
            IF ( ...
            X = ...
     15  CONTINUE
```

Ein verwandtes Gestaltungsmittel für FORTRAN-Programmierer ist, Fortsetzungszeilen nicht in Spalte 7, sondern später, etwa in Spalte 15 beginnen zu lassen. Beispiel: Schreiben Sie

```
statt          6001 FORMAT(1HO,3X,...
                    110X,4HP = ,...
                    210X,4HQ = ,...

lieber         6001 FORMAT (1HO, 3X, ...
               1         10X, 4HP = , ...
               2         10X, 4HQ = , ...
```

Zu den gleichen Ratschlägen für die optische Gestaltung eines Programms kommt O. Buchegger [6], indem er die "Gestaltpsychologie" als Ausgangspunkt seiner Betrachtungen nimmt.

Schon etwas mehr Bezug auf den Inhalt nehmen die folgenden Empfehlungen. Ich nenne zuerst die saubere Trennung von Datenteil und Prozedurteil. Dies ist in COBOL am ausgeprägtesten gefordert. Bei anderen Programmiersprachen, vor allem bei FORTRAN, muß man sich dazu zwingen. Dies bedeutet speziell für FORTRAN: Vermeidung impliziter Deklarationen und Typzuweisungen. Sogar Laufvariable sollten im Datenteil genannt sein, wie

```
         INTEGER  I, J, K
```

Damit man keine Typzuweisung vergißt, empfiehlt es sich, die Anweisung

```
         IMPLICIT LOGICAL  (A - Z)
```

an den Anfang zu setzen; der Compiler entdeckt dann alle Unterlassungssünden.

Durch diese Maßnahmen verliert man zwar einige Bequemlichkeiten,
gewinnt aber sehr viel Klarheit und Übersichtlichkeit und vor allem
Wartungsfreundlichkeit.

Eine andere wichtige Forderung ist: Die <u>Namensgebung</u> sollte <u>mög-
lichst selbsterklärend</u> sein! Der Leser des Programms muß beim Lesen eines Namens sofort die richtigen Assoziationen haben. Es ist
ein Unding, wenn man gezwungen ist, neben dem Programmlisting noch
eine Tabelle der Namen und ihrer Bedeutungen liegen zu haben, sofern es eine solche überhaupt gibt. Der Name "IP13" sagt mir
nichts, ebensowenig "KD1Z". Bitte vergessen Sie nicht, daß auch
Sie Ihren eigenen Programmen schon nach zwei Monaten als Fremder
gegenübertreten! <u>Programmierer überschätzen in der Regel ihr Ge-
dächtnis maßlos</u>; ich muß mir das auch immer wieder sagen!

Die Verwendung selbsterklärender Namen bedeutet: Verwendung langer, evtl. zusammengesetzter Namen. Viele Programmierer scheuen
sich davor, sie wollen nicht soviel tippen. Ich selber erleichte-
re mir die Arbeit dadurch, daß ich, wie in Abschnitt 2.2 bereits
besprochen, zunächst Kürzel einführe, die ich dann vom Editor durch
die entsprechenden Langnamen ersetzen lasse. Auf diese Weise vermeidet man auch Tippfehler.

Ein FORTRAN-Programmierer tut sich da besonders schwer, weil ja bekanntlich nur bis zu 6 Zeichen für einen Namen zugelassen sind.
Hierbei muß man sich - leider - besonders abmühen, um in diese 6
Zeichen möglichst viel Sinn hineinzupressen. Ähnliches gilt auch
für Assembler.

Sehr viele Programmierer haben mit FORTRAN oder Assembler begonnen,
bevor sie auf andere Programmiersprachen umstiegen, in denen längere Namen erlaubt sind. Das merkt man Programmen solcher Autoren
an, denn was soll in einem COBOL-Programm etwa der Name "A5-P32"
bedeuten?

Ich kann es nicht oft genug sagen: Ein Programm schreiben heißt
auch, späteren Benutzern des Programms etwas zu lesen anzubieten,
und nicht, ihnen Rätsel aufzugeben. Der Programmierer sollte sich
also als Autor einer Geschichte empfinden und immer(!) an den Leser denken.

COBOL-Programmierern gebe ich noch eine spezielle Empfehlung mit:
Machen Sie ausgiebig Gebrauch von Bedingungsnamen! Was

```
                IF STAND = 3 ...
```

bedeutet, ist unverständlich, dagegen

```
                IF VERHEIRATET ...
```

begreift jeder.

In FORTRAN kann man ähnliches folgendermaßen erreichen:

```
                LOGICAL  VERH, ...
                ...
                IF (STAND .EQ. 3)  VERH = .TRUE.
                ...
                IF (VERH)  ...
```

Nun komme ich zu einer Forderung, welche die meisten Leser zunächst
vor den Kopf stoßen dürfte, so wie ich schockiert war, als ich sie
zum ersten Mal hörte (und zwar aus dem Munde von H. M. Sneed).
Überspitzt formuliert heißt sie: Literale im Prozedurteil sind
verboten; Ausnahmen sind triviale Literale, wie die Zahlen 0, 1
und 2, und einzelne Zeichen. Die Begründung dafür ist so einfach
wie schlagend: Die Verwendung von Literalen im Prozedurteil, insbesondere, wenn ihre Zahl sehr groß ist, macht ein Programm em-
pfindlich gegenüber Änderungen und darüber hinaus - vor allem bei
numerischen Literalen - schlecht lesbar. Mit einigen wenigen Beispielen hoffe ich Sie davon zu überzeugen.

Beginnen wir mit einem einfachen Fall, der Subroutine INDEX aus Kapitel 1: Die Größe des verfügbaren Arbeitsspeichers bestimmt den
Wert GRENZE. Im Prozedurteil kommt er viermal vor. Die meisten
Programmierer werden bei der Niederschrift eines solchen (kleinen)
Programms das Literal 300 anstelle der Variablen GRENZE verwenden
(es sind ja auch drei Anschläge weniger!). Jetzt ändern sich die
Rahmenbedingungen, der Arbeitsspeicher wird erweitert, oder das Programm soll auf einer anderen (kleineren) Maschine eingesetzt werden. Taucht das Literal 300 auf, vermutet man nicht, daß die Größe des Arbeitsspeichers überhaupt in das Programm eingeht. Wenn
man sich aber dessen noch erinnert, muß man auf jeden Fall das gan-

ze Programm nach dem Literal 300 durchsuchen. Bei großen Programmen hat man dann noch, so man fündig geworden ist, zu prüfen, ob das betreffende Literal auch wirklich geändert werden muß, denn die Zahl 300 kann ja auch aus anderen Gründen beispielsweise als Begrenzer einer DO-Schleife eingesetzt sein. Übersieht man ein solches Literal, ändert es also nicht, können die Folgen katastrophal sein.

Sie haben ein Programmsystem mit raffinierter und vielfältig gestalteter Druck-Ausgabe geschrieben. Nun ändert das Rechenzentrum, etwa um Papier einzusparen, das normale Listenformat: Sie müssen die Zahl der Zeilen pro Seite gegen eine andere austauschen. Wenn Sie Literale im Prozedurteil verwendet haben und viele verschiedene Seitenformate bearbeitet werden, haben Sie ein schönes Stück Arbeit vor sich. Ist dagegen die Zeilenzahl in einem Datenmodul als Konstante eingetragen, brauchen Sie nur dort die betreffende Zahl zu ändern, und alles läuft auf dem neuen Papierformat wie vorher, denn die von der Zeilenzahl abhängigen Zahlen werden bei der Initiierung des Programms berechnet und dementsprechend abgelegt.

Ein drittes Beispiel: Was mag wohl

$$\text{DO } 15 \text{ J} = \text{N, } 1368, 72$$

bedeuten? Selbst wenn ich weiß, daß ein Formular auf dem Bildschirm eines Terminals gestaltet werden soll, muß ich raten. Die Vermutung, daß 72 die Zeilenlänge (in Zeichen) sei, bringt mich weiter; ich rechne aus:

$$1368 : 72 = 19.$$

Also dürfte das Bildschirmfeld 19 zu verarbeitende Zeilen zu 72 Zeichen enthalten. So weit, so gut, aber nun sollen wir das Programm auf einen neuen Terminaltyp anwenden, dessen Zeilen 80 Zeichen lang sind ...

Schließlich: Jedes vernünftige Programm gibt Fehlermeldungen aus. Sind die Fehlertexte als Literale im Programm verteilt, muß ich mich forschend durch das gesamte Programm arbeiten, um zu entscheiden, ob, und wenn ja, wie der Fehlertext der neuen Situation angepaßt werden soll. Viel einfacher ist es, wenn die Fehlermeldungen

Texte referieren, also die Fehlertexte an e i n e r Stelle im Datenteil gesammelt sind, wo ich sie mit einem Blick überprüfen kann. - Aus dem gleichen Grunde sammle ich alle FORMATe im Datenteil.

3.3 Verbesserung der Benutzerfreundlichkeit

Die Benutzerfreundlichkeit eines Programms sagt etwas aus über die Gestaltung der Schnittstelle zur Umwelt. Diese Umwelt ist der Mensch, der das Programm anwendet, sei er nun Endverbraucher, der am Bildschirm das Programm bedient, oder sei er Benutzer, der das Programm als Baustein in sein System einfügt.

Die Benutzerfreundlichkeit äußert sich in drei Dingen:
- in der Dokumentation,
- in der Ausgabe (auf Drucker oder Bildschirm), und
- in der Eingabe.

Der erste Punkt ist Thema von Kapitel 4, die anderen beiden sind hier zu diskutieren. Beginnen wir mit der Druck-Ausgabe:

Da gibt es immer noch die vielen Programme, die seitenweise Zahlenkolonnen ausspucken, ohne Überschrift und erklärende Texte. Vor allem Naturwissenschaftler sind Meister in der Produktion solcher Listen. Spricht man sie daraufhin an, erhält man als Antwort: "Ich arbeite täglich damit, daher weiß ich, was diese Zahlen bedeuten". Ob sie es noch wissen, nachdem sie dies Programm ein Jahr lang nicht mehr benutzt haben? Dabei gibt es gute Gegenbeispiele, vor allem auf dem Gebiet der Statistik, wo große FORTRAN-Systeme so gestaltet sind, daß deren Benutzer kaum DV-Kenntnisse benötigen, um sinnvoll mit ihnen hantieren zu können.

Bei den genannten Programm-Ausgaben kann man vielleicht noch ein Auge zudrücken, weil die Zahl ihrer Leser gering ist. Anders wird es, wenn der Output der Programme dem Staatsbürger mit der Post ins Haus geschickt wird. "Durch Textverarbeitungssysteme, Computerausdrucke etc. sind die Leistungsmitteilungen der Verwaltungen an ihre Klienten in vielen Fällen entweder auf eine unverständliche Form gebracht oder so standardisiert worden, daß die Klienten nicht mehr den Bezug zu ihrer eigenen Situation und ihren Bedürfnissen erblicken können" [5].

Ich will ein aktuelles Beispiel anfügen: Just eine Woche vor dem
Tage, da ich diese Sätze formuliere (Januar 1980), benachrichtigte
mich mein Postscheckamt, daß die Kontoauszüge umgestaltet werden.
Das übersandte Musterformular sieht folgendermaßen aus:

```
UE 123456789 BEZUEGE DEZ. 1979              +       358693
UE PRAEMIENRUECKVERG DA HT 421/SAFETY-VERS. +         4065
   KONTOGEBUEHR 11/79               1,00- GB
EA LT ANLAGE                                       13000-
S /                                               300000-
UE/LT ANLAGE                        2,50- GB       60000-
   GEBUEHREN,KOSTEN,ZINSEN USW      SUMME GB          350-
```

Welcher Betrag stand auf dem Scheck, der im Formular mit "S /" (!)
bezeichnet ist, können Sie das sofort erkennen? "Omitting decimal
points to make fields smaller is penny-wise, pound-foolish" (De-
zimalpunkte weglassen, um Druckstellen einzusparen, ist 'Pfennig-
weise', 'Mark-dumm').

Auf einer Informatiker-Tagung im Jahre 1976 wurde festgestellt, es
gäbe zwei Formen der Zusammenarbeit zwischen Mensch und Computer:
entweder der Computer paßt sich dem Menschen an, oder der Mensch
paßt sich dem Computer an. Wir laufen Gefahr, daß die zweite These
Realität gewinnt (1984 benutzt die Post immer noch dieses Formular!).

J. Weizenbaum hat diesem Problemfeld ein ganzes Buch gewidmet [53].
Er sieht die Gefahren, die im Umgang mit Computern lauern: "Kein
Wunder, daß Menschen, die tagaus, tagein mit Maschinen leben und
sich nach und nach als deren Sklaven empfinden, schließlich glauben, auch Menschen seien bloße Maschinen" und fügt hinzu "eine in-
strumentelle Vernunft, eine triumphierende Technik und eine zügel-
lose Naturwissenschaft sind Suchtmittel". Weizenbaum fordert uns
auf, dieser Sucht zu widerstehen und der vielgeäußerten These ent-
gegenzutreten, "daß wir alle von anonymen Kräften jenseits unserer
Kontrolle beherrscht werden"; er will uns Mut machen, "Zivilcoura-
ge" einzusetzen.

Wir sollen also nicht dem Computer dienen, sondern den Menschen,
welche Dienstleistungen des Computers in Anspruch nehmen wollen
oder müssen. Um auf unser eigentliches Thema zurückzukommen: wir
sind gehalten, ständig an diejenigen zu denken, welche die von uns

entworfenen Computer-Ausdrucke zu lesen haben. Und wenn Sie der
einzige Leser (wirklich?) Ihrer Listen sind und daher glauben, auf
Benutzerfreundlichkeit verzichten zu können: in sechs Monaten sind
Ihnen Ihre nackten Zahlenkolonnen völlig fremd.

Die Gestaltung der Computer-Ausdrucke ist ein wichtiges Mittel, die
Entwicklung in der einen oder der anderen Richtung voranzutreiben.
Der Programmierer, der dem Physiker jene nicht enden wollenden Zah-
lenkolonnen zumutet, trägt genauso zur Macht der Computer über den
Menschen bei wie die Verantwortlichen der Bundespost.

Und noch eines habe ich zur Computer-Ausgabe zu sagen: Drucken Sie
nicht soviel Makulatur! Das Ergebnis eines Programmlaufs läßt sich
in der Regel in wenigen Zahlen oder Sätzen ausdrücken, sofern wir
kommerzielle Anwendungen außer acht lassen, wie etwa dem Drucken
von Kontoauszügen. Wenn ich die Berge von Papier sehe, die vorzugsweise Naturwissenschaftler stolz nach Hause tragen, fällt mir
jener Operateur ein, der angesichts einer solchen "Liste" von vielen hundert Seiten vorwurfsvoll fragte: "Wer soll denn das alles
lesen?". Aber vielleicht ist dieser Rechenzentrumskunde im Besitze
der berühmten v. Korf'schen Brille, "deren Energieen ihm den Text
– zusammenziehen!".

Überlegen Sie also vorher, welche Ausgabedaten wirklich benötigt
werden, und seien Sie ein "ökologisch gesonnener Programmierer",
wie es schon 1972 Kreitzberg und Shneiderman forderten, als hier-
zulande noch kaum jemand an Recycling dachte. Erst denken, dann
drucken!

Nachdem ich sattsam über die Produktion von bedrucktem Papier ge-
sprochen habe, genügen zur Bildschirmausgabe wenige Worte, denn das
interaktive Arbeiten am Terminal verlangt die gleiche Einstellung
vom Programmierer: Denken Sie an den Benutzer, der am Bildschirm
sitzt, versetzen Sie sich in seine Lage, und Sie werden die gröbs-
ten Fehler vermeiden. Belästigen Sie ihn weder mit überlangen Erklärungen noch mit unverständlichen Abkürzungen. Vergegenwärtigen
Sie sich, daß es mehr Augenkraft kostet, einen Text vom Bildschirm
zu lesen als aus einem Buch. - Nebenbeibemerkt ist das interaktive
Arbeiten am Bildschirm ein aktueller Forschungsgegenstand, sowohl
was die Programmgestaltung angeht, als auch die Auswirkung auf die
Menschen.

Zur Benutzerfreundlichkeit eines Programms gehört - wie gesagt - auch die Gestaltung der Eingabe. Da aber hierbei in ähnlicher Weise gesündigt wird wie bei der Gestaltung der Ausgabe, kann ich mich auf einige spezielle Hinweise beschränken.

Größere Programme benötigen mitunter einen Eingabe-Datenstrom, der aus vielerlei verschiedenen, vor allem auch verschieden strukturierten Einzeldaten bzw. Datengruppen besteht. Ich habe Programme gesehen, deren Datenkarten fortwährend das Format wechselten. Bei derart chaotischen Eingabedaten liegt der Verdacht nahe, daß die Struktur des Programmes ähnlich chaotisch ist. Und wenn die Daten schon so verschieden strukturiert sein müssen - falls sie überhaupt strukturiert sind - , sollte das Eingabeformat möglichst einheitlich gewählt sein, denn der Mensch ist bekanntlich ein Gewohnheitstier: Jede unnötige Änderung der Eingabeformate wirft den Eingebenden aus seinem Trott, er macht Fehler.

Wir sollten uns also rechtzeitig klarmachen, welche Daten sind Parameter, d.h. Steuerinformationen für den Programmablauf, und welche echte (Massen-) Daten, die manipuliert werden. Gleichartige Daten gehören in eine Datei für sich. Der Programmstruktur ist es dienlicher, mit vielen Dateien zu arbeiten, als mit einem einzigen, verworren vielgestaltigen und daher fehleranfälligen Datenstrom. Wenden wir die in Kapitel 1 vorgestellten Verfahren der Programmentwicklung an, sind diese Forderungen leicht zu erfüllen, sie ergeben sich fast von selbst.

Aber nicht nur die Daten-Ein- und -Ausgabe ist für die Benutzerfreundlichkeit von Belang, auch die Parameterübergabe beim Aufruf von Unterprogrammen ist dafür entscheidend. Ich habe Subroutinen mit 36 (in Worten: sechsunddreißig!) Parametern in der Aufrufsequenz gesehen. Eine lange Parameterliste zieht nicht nur einen Rattenschwanz von Fehlerquellen nach sich, sondern ist auch ineffizient, da der Verwaltungsaufwand (Zeit und Platz) entsprechend zunimmt. Eine "Methode, den Overhead zu reduzieren, ist, soviel Argumente wie möglich via COMMON-Blöcke zu übergeben". Für andere Sprachen als FORTRAN heißt das: Verwendung von Kontrollblöcken (Versorgungsblöcken) bzw. globalen Variablen soviel wie möglich (vgl. auch S. 66 und 108). Ich komme noch einmal darauf zu sprechen, da diese Empfehlung auch Gefahren birgt.

3.4 Verbesserung der Zuverlässigkeit

Jeder Anwender vertraut darauf, daß ein Programm das tut, was von
ihm erwartet wird. Dem Anwender ist es lieber, das Programm stürzt
ab, als daß es falsche Daten liefert.

Diese Aussage ist trivial, gewiß, aber dennoch trifft sie auf sehr
viele Programme nicht zu. Was nun veranlaßt ein Programm, unzuver-
lässig zu sein, wenn wir einmal davon absehen, daß es noch logische
Fehler enthalten kann?

Am meisten wird gegen den Grundsatz

> NEVER TRUST ANY DATA
> (Trau' keinem Datum)

verstoßen: "Eingabedaten enthalten Fehler, seien sie von Menschen
oder von anderen Programmen aufbereitet. Ein gutes Programm prüft
seine Eingabe auf Gültigkeit und ... Plausibilität".

Durch die Medien geistern immer wieder Geschichten, in denen von
großen Schäden berichtet wird, die durch "Fehler des 'Kollegen
Computer'" entstehen. Es handelt sich natürlich nicht um Fehler
des "Elektronengehirns", wie die Medien glauben machen wollen, sondern - wie wir wissen - um Programmfehler, und zwar immer wieder
die gleichen: Die Daten werden als gottgegeben hingenommen, was
sie nicht sind.

Was und wie ist zu überprüfen? Antwort: A l l e Daten sind zu
überprüfen, und zwar im Hinblick auf

- ihren Typ,
- ihren Wertebereich und
- ihre Plausibilität,

in der angegebenen Reihenfolge.

1.) Überprüfung auf Typ: Ist das Datum numerisch oder alphabe-
tisch? Entspricht es dem vorgeschriebenen Format? Liegt
auch keine Verwechslung von INTEGER und REAL vor? Bei speziellen Daten können auch weitere Überprüfungen des Typs möglich und notwendig sein.

Ist der Typ falsch, sind die anderen Prüfungen überflüssig, denn
das Datum darf auf gar keinen Fall verarbeitet werden.

2.) Überprüfung des Wertebereichs: Bei Zahlen lassen sich in der
Regel obere und untere Grenzen angeben (vgl. Programm INDEX).
Bei alphabetischen (oder alphanumerischen) Daten kann man oft
in Tabellen nachsehen, ob das angebotene Datum erlaubt ist
oder nicht: Handelt es sich um eine erlaubte Abteilungsbe-
zeichnung? um ein erlaubtes chemisches Element?

Liegt das Datum außerhalb des Wertebereiches, ist eine Weiterverar-
beitung unbedingt auszuschließen.

3.) Überprüfung auf Plausibilität: Plausible Daten sind "einleuchtend, glaubhaft". Ein Einzeldatum kann nur im Hinblick
auf seine Umgebung plausibel sein, d.h. eine Plausibilitätsprüfung läuft immer darauf hinaus, das Einzeldatum mit anderen
in einen Zusammenhang zu stellen und nachzusehen, ob diese
Kombination von Daten "einleuchtend" ist.

Beispiel: Das Alter eines Studenten wurde eingelesen. Wir haben
festgestellt, daß es numerisch ist (Typ), sowie > 17 und < 80
(Wertebereich). Hinzu kommt die Anzahl der Fachsemester (numerisch; > 0 und < 40). Ein Student von 21 Jahren kann nicht im
13ten Semester studieren!

Bei mathematischen Aufgaben sind alle (!) Voraussetzungen zu überprüfen! Dies wird meist gerade bei einfachen Problemen vergessen
(sog. stillschweigende Voraussetzungen), und dann ist die Über-
raschung groß, wenn bei "pathologischen" Daten unvorhersehbare Reaktionen des Programms den Anwender verstören.

Daten, welche die einschlägigen Prüfungen nicht bestanden haben,
müssen im Rahmen einer Fehlermeldung ausgegeben werden. Gibt es
viele Fehlermöglichkeiten, ist jedem Fehlertyp eine Nummer zuzu-
ordnen; es kommt dann auf die Umstände an, ob der Fehlernummer
ein erklärender Text beigefügt wird, oder ob der Benutzer auf eine
Fehlertabelle verwiesen wird, worin er nachschauen muß.

Eine Fehlermeldung sollte enthalten:

    - Auffallende Markierung,

- Name des Programms (Moduls), in dem der Fehler auftrat,
- Fehlernummer,
- evtl. Fehlerbeschreibung in Kurzform oder als ausführlicher Text, gegebenenfalls durch einen Eingabeparameter gesteuert,
- fehlerhafter Datensatz, und
- Kennzeichnung der fehlerhaften Stelle, wenn das möglich und nötig ist.

Beispiele:

```
****  INDEX:  FEHLER NR. 3:  I > GRENZE.
              DIE DATEN LAUTETEN:  I = 351;  K = 017.

++++  BEN&KOMPEIN:  FEHLER 13 - FALSCHE BENUTZER-NUMMER.
                    DER FEHLERHAFTE DATENSATZ LAUTETE:

      10180011223252327HSX-1913 KQKQ ...
                       ***
```

Der Anwender sieht sofort: "HSX" ist eine dem System nicht bekannte Benutzer-Nummer. Er kann anhand der anderen Informationen des ausgedruckten Datensatzes (evtl. leicht) ermitteln, welches die richtige Benutzer-Nummer ist (vielleicht "H5X"?).

In Eingabeteilen von Programmen, vor allem wenn sie in FORTRAN geschrieben sind, findet man oft folgende Unsitte: Die erste Datenkarte enthält als INTEGER-Zahl die Anzahl der nachfolgenden Karten. Bei großen Kartendecks führt dies oft zu Fehlern. "Computer zählen besser als Menschen". Man tut also gut daran, den Datenbestand mit einer speziellen Endemarkierung (EOF = End-of-File) zu versehen (eine Kartenart, eine Nummer, eine "verrückte" Zeichenkombination, die sonst nicht vorkommt). Ein mitlaufender Zähler errechnet die Anzahl der eingelesenen Karten. Gleiches sollte man für die fehlerhaften Datensätze tun, für die Ausgabedaten, usf.. Am Schluß gibt man etwa aus:

```
EINGELESEN WURDEN:          1234 DATENSAETZE,
DAVON WAREN FEHLERHAFT:      123 DATENSAETZE,
AUSGEGEBEN WURDEN:          1111 DATENSAETZE.
```

Ein analoges Vorgehen bietet sich beim Verarbeiten von Tabellen (eindimensionalen Arrays) an: Man fügt einen (n+1)-ten Wert mit EOF-Funktion an und fragt damit das Tabellenende ab. Die Manipulation mit (möglicherweise falschen!) Anzahlen entfällt dann, überdies wird das Programm dadurch meist effizienter.

Was für Eingabedaten gesagt ist, gilt auch für Eingabeparameter von
Moduln und Unterprogrammen und für Zwischenwerte. Das bedeutet zusätzlich, daß für alle Fehlermöglichkeiten, seien sie in Abschnitt
2.5.1 erwähnt oder nicht, entsprechende Abfragen eingebaut werden
müssen, um dann eine Fehlermeldung nach dem oben angegebenen Prinzip auszugeben und eine Reaktion zu vereinbaren, wie es weiter gehen soll, z.B. Sprung in eine spezielle Fehler-Routine oder gar
Programmabbruch.

Tritt solch ein Fehler auf, kann das folgende Ursachen haben:

- Datenfehler,
- Fehler in der Programmlogik,
- Planungsfehler (spezielle, evtl. pathologische Zustände
  sind nicht berücksichtigt).

Die ausgeworfenen Meldungen geben dann wertvolle Hinweise zur Be-
seitigung der Fehler, wobei der Gesprächspartner sowohl der Anwender sein kann, als auch der Programmautor (etwa beim Testen).

Damit sind wir bei der Frage der inneren Zuverlässigkeit. Unter
diesem Begriff wollen wir alles zusammenfassen, was zur Zuverlässigkeit des Programms beiträgt und n i c h t von den Eingabedaten
abhängt. Die Überprüfung der Zwischenwerte gehört dazu. Weitere
Maßnahmen sind:

- Alle Variablen sind bei jedem (!) Aufruf des Programms zu ini-
  tialisieren (mit einem "default value" vorzubesetzen oder mit
  "unmöglichen" Daten zu füllen). Dies wird häufig unterlassen.
  Sind noch alte Daten abgespeichert, die plausibel sind, lassen sich Fehler nur sehr schwer lokalisieren.

- Abgeleitete Konstante sind zu vermeiden, es ist besser, "dem
  Computer die Schmutzarbeit zu überlassen". Die DO-Anweisung
  von Seite 120 sollte also zur Vermeidung von Literalen im Prozedurteil nicht so abgewandelt werden:

$$M = 1368$$
$$L = 72$$
$$\vdots$$
$$DO\ 15\ J = N,\ M,\ L$$

sondern so:

```
NZEIL  = 19
NZEICH = 72
NSCHRM = NZEIL * NZEICH
  .
  .
  .
DO 15 J = N, NSCHRM, NZEICH
```

- Kommentare müssen mit dem Code übereinstimmen. Bei Änderungen
  im Code werden oft entsprechende Änderungen in Kommentaren und
  Programmbeschreibungen vergessen, was spätere Änderungen oder
  die Fehlersuche sehr erschwert. Wenn ich ein Programm kennen-
  lerne, lese ich zunächst die Kommentare, um herauszubekommen,
  was das Programm eigentlich tut, im Vertrauen darauf, daß Code
  und Kommentar übereinstimmen.

Schließlich muß ich noch auf die sog. Seiteneffekte zu sprechen
kommen. Seiteneffekte entstehen immer dann, wenn die Schnittstellen, über welche Moduln (Unterprogramme etc.) miteinander kommuni-
zieren, nicht sauber definiert sind. Ich sprach in diesem Zusammenhang von Poker-Faces (vgl. S. 65).

Die sauberste Schnittstelle ist die komplette Parameterübergabe in
der Parameterliste. Das ist aber nicht immer möglich oder sinnvoll (vgl. S. 124). In FORTRAN benutzt man stattdessen gern COM-
MON-Blöcke. Um Seiteneffekte zu minimieren, sollte man nur benannte COMMON-Blöcke benutzen, und zwar für jede Paarung spezielle Namen. Dies ist durch Kommentare (und Namensgebung!) zu dokumentieren. Bei anderen Programmiersprachen kann man globale Daten entsprechend in Aggregate zusammenfassen, eingeklammert in Kommentare.
(Kontrollblöcke, vgl. S. 108).

Ein sehr schönes Beispiel für einen typischen Seiteneffekt entneh-
me ich dem Buch von S. Alagić und M. A. Arbib [1]:

Es sei b eine globale Variable, daneben existieren zwei Funktionen f und g :

```
function  f(x);
begin  b := x + 1;   f := b   end  f;

function  g(x);
begin  b := x + 2;   g := b   end  g;
```

Nach den üblichen Regeln liefern f(b) + g(b) und g(b) + f(b)
dasselbe Ergebnis. Wenn b mit Null vorbesetzt ist - bitte rechnen Sie nach - , erhält man

$$f(b) + g(b) \; = \; 1 + 3 \; = \; 4,$$

aber dagegen - unter den gleichen Bedingungen - ,

$$g(b) + f(b) \; = \; 2 + 3 \; = \; 5.$$

In großen Unterprogrammen kommen derartige Konstellationen durchaus vor; Funktionen, die globale Daten verändern, gibt es vielfach.

Um den Seiteneffekten weitere Chancen zu nehmen, sollte man Eingabe-Parameter und Ausgabe-Parameter sauber voneinander trennen (in
einer Parametersequenz erst die Eingabe-, dann die Ausgabe-Parameter aufführen). Eingabe-Parameter dürfen auf keinen Fall modifi-
ziert werden! Müssen in einem Unterprogramm Eingabe-Parameter verändert werden, sind sie vor der Bearbeitung zu retten, d.h. in
Hilfszellen umzuspeichern (vgl. auch S. 38 f.).

3.5 Verbesserung der Wirksamkeit

Diesem Thema wird in der Regel viel zu viel Gehirnschmalz gewid-
met. " M e n s c h e n , nicht M a s c h i n e n , sind die
Hauptkosten heutiger Computersysteme; wir sollten darauf gefaßt
sein, Computer- S t u n d e n zu vergeuden, wenn dadurch ... Mann-
J a h r e eingespart werden" [58]. Dennoch gibt es Seminare von
Softwarehäusern mit dem Thema "Optimierung". Wer hat nun recht?

Optimieren - sofern es nicht die Compiler von sich aus tun - hat
nur dann Sinn, wenn

- der Aufwand erträglich,
- der Effekt bemerkenswert und
- das Programm korrekt ist.

Man kann auf dreifache Weise optimieren:

- Steigerung der Effizienz bezüglich Zeit,
- Steigerung der Effizienz bezüglich Platz und
- Steigerung der Effizienz bezüglich Genauigkeit.

Die Bücher von Kreitzberg/Shneiderman [31] und Kernighan/Plauger
[30] bieten viele instruktive Beispiele. Ich darf mich daher darauf beschränken, einige Anregungen zu geben.

Wesentlich ist heute nur noch die Verbesserung des Zeitverhaltens.
"Ein schnell laufendes Programm ist oft das Nebenprodukt einer klaren, folgerichtigen Codierung". Diese These wird jetzt nicht mehr
überraschen.

Es ist vergeudete Zeit, im Prolog und Epilog eines Programmes optimieren zu wollen, denn diese Anweisungen werden nur einmal durchlaufen; vielmehr ist eine Optimierung allein in den innersten
Schleifen sinnvoll, denn "5 % des Programmtextes benötigen > 50 %
der Laufzeit". Worauf ist dabei zu achten?

Vor die Aufgabe gestellt, einen gegebenen Algorithmus (oder For-
meln) in den Code einer Programmiersprache umzusetzen, läuft man
Gefahr, dies aus Bequemlichkeit mechanisch zu tun: manche Operationen, Berechnungen u. drgl. werden dann wiederholt mit den gleichen Daten durchlaufen, um das gleiche Ergebnis zu produzieren.

Diesen Fehler vermeidet man am einfachsten, indem man sich immer
wieder fragt, wie mache ich so etwas mit Bleistift und Papier?
Zwei einfache Beispiele sollen zeigen, was ich meine.

Sie kennen die Multiplikation zweier quadratischer Matrizen

$$C = A * B$$

bzw.

$$c_{ik} = \sum_{j=1}^{n} a_{ij} * b_{jk}$$

Die mechanische Übertragung in FORTRAN lautet:

```
      DO 20 I = 1, END
        DO 20 K = 1, END
          C(I, K) = 0.0
          DO 20 J = 1, END
            C(I, K) = C(I, K) + A(I, J) * B(J, K)
   20 CONTINUE
```

Nun ist zur Auffindung eines Matrixelementes bekanntlich immer eine Subskript-Berechnung erforderlich. Für das Element $C(I,K)$ muß die Subskript-Formel $i + (k-1)n$ in unserem Beispiel $(2n+1)n^2$-mal ausgerechnet werden. Das ist genau $2n^3$-mal zuviel! Man braucht den Programmabschnitt nur folgendermaßen umzuschreiben:

```
      DO 40 I = 1, END
         DO 40 K = 1, END
            SUMME = 0.0
            DO 30 J = 1, END
               SUMME = SUMME  + A(I, J) * B(J, K)
30          CONTINUE
            C(I, K) = SUMME
40    CONTINUE
```

Ich habe für beide Versionen die Rechenzeit gemessen: sie betrug für die zweite Version zwischen 41% und 88%, je nach Rechner und Compiler, den ich benutzte.

Einen ähnlichen Effekt erzielt man bei alternierenden Reihen, wenn man die positiven und die negativen Elemente für sich berechnet. Für

$$ s = \sum_{j=1}^{n} (-1)^j \, j $$

sollte man statt

```
      SUM = 0
      DO 20 J = 1, END
         SUM = SUM + (-1)**J * J
20    CONTINUE
```

besser

```
      SUM = 0
      DO 50 J = 1, END, 2
         SUM = SUM - J
         SUM = SUM + (J + 1)
50    CONTINUE
```

schreiben. Die Aufspaltung in zwei Schleifen birgt Gefahren, weil dann "kleine Differenzen großer Zahlen" auftreten können.

Die Rechenzeit der zweiten Version beträgt zwischen 4% und 20%, je nach Rechner und Compiler (optimierend oder nicht).

Ansonsten gilt für jede (vermeintliche) Verbesserung des Zeitverhaltens: Erst messen, dann optimieren! Das Vorgehen dabei ist einfach: Rechenzentren stellen für diesen Zweck Prozeduren zur Verfügung, etwa

```
CALL TIME (ANFANG)
       zu prüfender Code
CALL TIME (ENDE)
ZEIT = ENDE - ANFANG
```

Der zu prüfende Code soll hinreichend oft durchlaufen werden, denn nur auf diese Weise bekommt man einigermaßen sichere Aussagen, weil dann der Overhead klein gegenüber der Rechenleistung ist. So habe ich die Subroutine INDEX 100-mal eine 200-reihige Matrix durchlaufen lassen, das sind 4 Millionen Aufrufe; und bei der Matrixmultiplikation ist die Subskript-Berechnung 1 Million mal ausgeführt worden.

Bei all diesen Überlegungen dürfen Sie nicht vergessen: "Einfachheit und Klarheit sind oft wertvoller als durch cleveres Codieren eingesparte Millisekunden".

Das Problem der Platzeinsparung wird heutzutage immer unwichtiger, da Hauptspeicher ständig größer und zugleich billiger werden. Aber noch gibt es den Assemblerprogrammierer, der, um eine Speicherzelle einzusparen, den Operationscode eines Maschinenbefehls als numerische Konstante verwendet (mißbraucht)!

Vor einer oft empfohlenen Methode der Platzeinsparung möchte ich warnen: Verwendung ein und desselben Speicherbereichs für verschiedene Zwecke. Dies gehört in den Bereich der Trickprogrammierung ...

Bei Programmsystemen, die viel Platz beanspruchen, sollte man sich überlegen, ob bei Maschinen mit virtuellem Speicherkonzept die Overlay-Technik dem Paging-Verfahren nicht vorzuziehen ist, weil dann das "Paging" von der Programmlogik gesteuert wird und nicht vom Zufall.

Die <u>Erhöhung der Genauigkeit</u> betrifft nur spezielle Anwendungen:

Bei langen Rechnungen nimmt der Rundungsfehler laufend zu, immer
mehr Stellen werden ungültig. Dieser Effekt ist lange bekannt;
die numerische Mathematik beschäftigt sich mit diesem Problem nicht
erst, seitdem es Computer gibt.

Hat ein Programm Aufgaben zu bearbeiten, die unter diesem Effekt
leiden, genügt es für den Programmierer nicht, nur zur doppelten
Genauigkeit überzugehen. Fehlerabschätzungen sind entscheidend,
denn der Abnehmer der Resultate will wissen, wieviele Stellen des
Ergebnisses gültig sind. Dazu sind zwei Dinge zu sagen:

- Fehlerabschätzungen hängen vom Näherungsverfahren ab oder sind
  ein Teil davon; sie dürfen keinesfalls "vergessen" werden!

- Ergebnisse dürfen keine falsche Genauigkeit vortäuschen! Wenn
  die Eingabedaten vier gültige Stellen haben, dürfen die Ausgabedaten nicht siebenstellig ausgedruckt werden.

Dies ist kein Lehrbuch der numerischen Mathematik. Ich kann an
dieser Stelle nur Warntafeln aufstellen.

4. Dokumentation

> Die beste Dokumentation für ein
> Computerprogramm ist eine saube-
> re Struktur.
> Kernighan u. Plauger

Die meisten Programmierer verabscheuen es, Dokumentationen ihrer
eigenen Programme anzufertigen, denn das heißt für sie, einen zweiten Aufguß aufzubrühen, Flußdiagramme von bestehenden Programmen
zu malen, getestete Programminhalte in langen Texten nachzukauen.
Wird Dokumentation so gehandhabt, ist eine negative Einstellung
dazu nicht verwunderlich.

G. M. Weinberg hat gesagt, die Wartung (maintenance) eines Programms beginne bereits, wenn man die zweite Anweisung nieder-
schreibt (zitiert nach [19]). Ich möchte diesen Satz variieren:
Die Dokumentation eines Programms beginnt bereits, wenn man die
erste Planungsnotiz abheftet.

Mit der Dokumentation eines Programmes verfolgt man zwei Ziele:

- Dokumentation für den Benutzer des Programms und
- Dokumentation für die Wartung des Programms.

Meistens denkt man nur an das erste Ziel und setzt Programmdokumentation mit Benutzerhandbuch gleich. Aber mindestens gleichge-
wichtig ist das zweite Ziel, denn ein Programm wird in der Regel
nicht von seinem Autor gewartet.

4.1 Dokumentation während der Programmentstehung

Die Programmdokumentation beginnt mit den ersten Gesprächen zwischen Auftraggeber und Programmierer. Über diese Gespräche, deren
Ziel die Programm-Spezifikationen sind, das Pflichtenheft also,
sind Ergebnisprotokolle zu führen; diese sollte sich der Programmierer vom Auftraggeber bestätigen lassen, um späteren Streitig-
keiten vorzubeugen. Es kostet wenig Mühe, das Protokoll zu führen,
wenn man dafür einen formularartigen Rahmen schafft, ähnlich dem
Programmrahmen.

Parallel zu diesen Gesprächen entsteht das <u>Pflichtenheft</u>. Es soll u.a. enthalten:

- Allgemeine Programmbeschreibung, darunter Zweck und Grenzen des Programmeinsatzes;
- Beschreibung der Eingaben und der Ausgaben;
- Verfahren (Algorithmen), die im Programm verwendet werden;
- erforderliche Hardware und Software, Forderungen an das Operating.

Das so entstehende Pflichtenheft muß in seinen Teilen

- vollständig sein (ist auch nichts vergessen worden?);
- widerspruchsfrei und
- verständlich für alle Beteiligten (Fachausdrücke müssen erklärt werden).

Da ein Pflichtenheft wächst, legt man es zweckmäßigerweise als Loseblatt-Sammlung an.

Ein modernes Textbearbeitungssystem ist zum Abfassen des Pflichtenheftes (und ähnlicher Papiere) sehr hilfreich, und wenn es nur der Editor ist, in Verbindung mit Dienstprogrammen zur Dateiverwaltung und zum Ausdrucken.

Alle Versionen des Pflichtenheftes, die nicht durch redaktionelle Änderungen oder reine Texteinfügungen entstanden sind, die also wesentliche Umformungen enthalten, sollte man aufbewahren. Für spätere Programmänderungen und -erweiterungen kann es von großem Interesse sein, zu erfahren, welche Umwege man früher gemacht hat; solche Irrwege schlägt man später gern wieder ein.

Wenn das Pflichtenheft fertig ist und der Programmierer mit seiner Arbeit beginnt, entstehen <u>Entwurfspapiere</u> wie

- HIPO-Diagramme, Struktogramme u.ä. grafische Darstellungen;
- Entwürfe zur Listengestaltung;
- verbale Datenbeschreibungen (Struktur, Umfang, Wertebereiche);
- verbale Beschreibung der Algorithmen, mathematische Ableitungen;
- Entscheidungstabellen;
- Schnittstellenbeschreibungen;
- Vorüberlegungen zur Benutzeranleitung;

und was dergleichen mehr ist. Diese Papiere sollten nicht nur für

den Papierkorb geschrieben werden; mit Datum versehen heftet man
sie ab. Die häufig auftauchende Frage "Warum habe ich das damals
gerade so und nicht anders gemacht?" beantwortet ein Blick in die
Sammlung der Entwurfspapiere.

Nicht nur alle Unterlagen, die vor und während der Programmierung
entstehen, sind zu archivieren, sondern auch die <u>Informationen über
Testläufe</u>, wie Papiere zur Ermittlung der Testdaten, Protokolle der
Testläufe und vor allem die Testdaten selber.

Diese Unterlagensammlung ist u.a. auch für die Gestaltung des Be-
nutzerhandbuchs nützlich.

Ich hoffe, es ist klar geworden, daß dieser Teil der Dokumentation
einerseits bedeutsam ist, andererseits keine Mühe kostet, wenn man
vom Archivieren der Unterlagen einmal absieht und der Verpflich-
tung, auch Entwurfspapiere sorgfältig auszuführen.

4.2 Dokumentation im Programm

Benutzeranleitungen können verloren gehen; es soll auch welche
geben, die unzureichend sind. Dem Benutzer bleibt dann nur noch
das Programmlisting als Erkenntnisquelle.

Über die Lesbarkeit eines Programms habe ich schon ausgiebig ge-
sprochen, das muß ich jetzt nicht wiederholen. Nur einige grund-
sätzliche Überlegungen zur Kommentierung im Programm füge ich an:

Die Gestaltung des Quellencodes sollte die Struktur des Programms
deutlich werden lassen. Anweisungen des Pseudocodes von ersten
Entwürfen im Prozeß der schrittweisen Verfeinerungen sollten als
Kommentare wiederkehren; Strukturblöcke höherer semantischer Ebenen sind durch entsprechende Überschriften kenntlich zu machen.

Besonders wichtig sind Kommentare in FORTRAN-Programmen [34], da
hier die Namensgebung problematisch ist. Man sollte sich angewöh-
nen, vor jedem DO-Loop, vor jedem Entscheidungsknoten (IF, Computed
GO TO) einen Kommentar einzufügen, sofern es sich nicht um triviale Dinge handelt.

Es gibt Programme, die zum überwiegenden Teil aus Kommentarzeilen bestehen und dennoch schlecht kommentiert sind. Die Anweisung

$$j := j + 1;$$

muß nicht mit "J UM 1 ERHOEHEN" zusätzlich erläutert werden. Bei geeigneter Namensgebung, klarer Struktur und geschicktem Layout erübrigen sich viele Kommentare, das Programm ist dann auch ohne sie lesbar. Am ehesten vermeidet man noch derartige Überflüssig-keiten oder Mängel, wenn man die Kommentare gleich beim Nieder-schreiben des Codes mit einarbeitet.

Muß man bei der Wartung eines Programms Änderungen im Code anbrin-gen, sollte man sie in Kommentarklammern einschließen:

- Beginn der Änderung.
- Autor und Datum der Änderung, evtl. auch deren Grund.

        ... eingefügter Code ...

- Ende der Änderung.

Bei kleinen Korrekturen in FORTRAN-Programmen kann man die Spalten 73 bis 80 zu ihrer Markierung verwenden; ähnliches gestatten auch manche COBOL- und PL/1-Compiler.

4.3 Benutzerhandbuch

Beim Kauf eines Industrieproduktes erwarte ich eine vernüftige Ge-brauchsanweisung. In Warentests führen schlechte, d.h. unvoll-ständige oder unverständliche Bedienungsanleitungen zu einer Ab-wertung des Gesamturteils.

Bei einem Programm sollten ähnliche Maßstäbe angesetzt werden: Schlechte, d.h. unvollständige oder unverständliche Benutzungsan-leitungen führen zu einer Abwertung, wenn nicht gar zur völligen Ablehung: Papierkorb!

Den Anwender eines Programms interessiert nicht, wie im Programm das Problem gelöst wird; Flußdiagramme, langatmige Beschreibun-gen des Algorithmus o.ä. haben in der Benutzeranleitung nichts verloren. Der Anwender will u.a. wissen,

- wie sehen die Ausgaben aus?
- wie sind die Eingabedaten zu gestalten?
- welche Grenzen (Wertebereiche) sind zu beachten?
- werden Bedienungsfehler gemeldet?
- wie reagiert das Programm bei Datenfehlern?
- wie implementiere und starte ich das Programm?

Bei Unterprogrammen kommt noch die genaue Beschreibung der Schnittstelle zum Benutzer hinzu, insbesondere die Aufrufkonvention.

Diese Aufzählung nennt die üblichen Anforderungen an die Benut-
zungsanleitung, weitere können hinzukommen. Eine wichtige Frage
des Anwenders muß allerdings im Benutzerhandbuch unbeantwortet
bleiben:
- wie zuverlässig ist das Programm?

Steht das Programm in einem größeren Zusammenhang, ist es etwa Teil
eines großen Systems, oder wird es in einer bestimmten Organisation
angewandt, dann existieren gewöhnlich Vorschriften, wie das Benutzerhandbuch abzufassen ist. Es ist selbstverständlich, daß man
sich genau daran hält.

Gibt es keine derartigen Vorschriften, kann man sich aus dem Fra-
genkatalog, aber auch aus dem Programmrahmen und - für den speziellen Fall - aus der Dokumentation während der Programmentstehung und
den Kommentaren im Programm ein Gerüst für das Benutzerhandbuch
schaffen.

Einige Anmerkungen zur Abfassung des Benutzerhandbuches:

- Auch wenn das Benutzerhandbuch nur aus einer Seite besteht:
  Ausführlichkeit ist gefordert; der Benutzer muß das Programm
  anwenden können, ohne zusätzliche Informationen einholen zu
  müssen. Das Handbuch muß also "idiotensicher" sein.

- Man achte darauf, daß möglichst keine Überschneidungen auftreten. Es ist gefährlich, wenn man bei Programmänderungen nur
  an einer Stelle im Benutzerhandbuch korrigiert, weil es Doppelbeschreibungen gibt. Abhilfe: Hinweise auf Parallelstel-
  len anstelle von Doppelbeschreibungen.

- Wenn der erste Entwurf ausformuliert ist, sollte man ihn einige Zeit beiseite legen, um ihn reifen zu lassen. Dann - frü-
  hestens nach einer (hoffentlich erholsam verbrachten) Nacht
  - den Text "mit fremden Augen" lesen.

5. Von der Problemstellung zum fertigen Programm: Ein Beispiel

> Ein Beispiel habe ich euch gegeben
> für das, was ihr tun sollt.
>
> Joh. 13,15

Zum Schluß wollen wir ein nicht-triviales Problem lösen, indem wir es von der ersten Aufgabenstellung bis zur Implementation bringen. Es handelt sich dabei um einen echten Entwurfsprozeß mit allen ihm innewohnenden Schwächen. Vieles ist nur skizziert, Zwischenüberlegungen und manche Irrwege sind weggelassen. Die große Linie soll deutlich werden, - und dieses Buch nicht zu dick.

5.1 Aufgabenstellung

Aufgabe: Zu einem gegebenen Aktenplan soll eine sog. KWOC-Liste gedruckt werden.

KWOC heißt "Key Word Out of Context": In einem Text wird jedes Wort der Reihe nach aufgesucht, als Schlüsselwort (key word) vor den Text gezogen (out of context) und im Text selbst durch drei Sternchen, einen Strich oder dergl. ersetzt. Pro Textzeile entstehen also soviel KWOC-Zeilen, wie der Text Wörter hat.

Beispiel: Der Ausgangstext

    1234 Beschwerden von Benutzern (alphabetische Ablage)

liefert folgende KWOC-Zeilen:

1234 Beschwerden	*** von Benutzern (alphabetische Ablage)
1234 von	Beschwerden *** Benutzern (alphabetische [Ablage)
1234 Benutzern	Beschwerden von *** (alphabetische Ablage)
1234 alphabetische	Beschwerden von Benutzern (*** Ablage)
1234 Ablage	Beschwerden von Benutzern (alphabetische [***)

Mit einer nach Schlüsselwörtern sortierten KWOC-Liste kann man
schnell zu einem gegebenen Stichwort das zugehörige Aktenzeichen
finden.

Mittels einer sog. Stoppwort-Liste bzw. -Tabelle können häufig vor-
kommende Wörter, wie Artikel, Präpositionen u.ä. im Suchprozeß
übergangen werden; so könnten die zweite und die letzte KWOC-Zeile des Beispiels fortfallen (das Wort "Ablage" kommt in einem Aktenplan häufig vor und ist sicherlich kein Suchkriterium).

Die Aufgabe ist sehr allgemein gestellt. Abgesehen davon, daß man
sie erweitern bzw. ändern kann (Anwendung etwa auf Literaturver-
zeichnisse), muß sie präzisiert werden. Wir betrachten einzelne
Aspekte:

Eingabe: Der Text zu einem Aktenzeichen besteht aus einem oder
mehreren Wörtern. Unter einem Wort wollen wir auch Abkürzungen
und Zahlen verstehen. Um aber Trivialitäten nicht bearbeiten zu
müssen, werden wir Wörter mit weniger als drei Zeichen nicht zu-
lassen.

Wodurch werden die einzelnen Wörter voneinander getrennt? Ein
Blick auf einen Aktenplan zeigt, daß als "Trennsymbole" folgende
Zeichen infrage kommen:

- Zwischenraum (Blank)
- Klammern   ( )
- Punkt und Komma   . ,
- schräger und waagerechter Strich   /   -

Wir stellen weiterhin fest, daß zu einem Aktenzeichen auch ein
Text gehören kann, der aus mehreren Zeilen besteht. Wir müssen
dann bei der Eingabe verlangen, daß diese "Teilsätze" als solche
gekennzeichnet sind.

Ausgabe: Die KWOC-Zeile soll so gestaltet sein, wie oben angegeben: Links das Aktenzeichen, gefolgt vom Schlüsselwort, rechts
der "Resttext". Bei "Teilsätzen" geben wir der Einfachheit halber
nur die betreffende Zeile an, nicht den ganzen (mehrzeiligen) Text;
diese Einschränkung zu vermeiden wäre z.B. eine sinnvolle Erweiterung dieses Programms.

Algorithmus: Wie KWOC-Zeilen im einzelnen erzeugt werden, wollen
wir uns nach und nach überlegen. Zunächst nur dies:

Wir speichern die Stoppwörter als Datei, damit sie vom Benutzer
außerhalb des KWOC-Programms manipuliert werden können (mit einem
Editor etwa).

Am Anfang lesen wir die Stoppwort-Datei ein, sortieren sie und erzeugen im Arbeitsspeicher eine Tabelle der Stoppwörter. Diese Tabelle muß als Stoppwort-Liste vor der KWOC-Liste ausgegeben werden,
damit der Benutzer weiß, nach welchen Wörtern er n i c h t suchen
kann. Mittels der Tabelle können wir im Programm schnell feststellen, ob ein Schlüsselwort zu einer KWOC-Zeile verarbeitet werden
soll oder nicht.

Fehlerbehandlung: Auf eine Plausibilitätsprüfung der Aktenzeichen
wollen wir hier verzichten (im Ernstfalle müssen wir das aber tun!).
Bleibt beim jetzigen Stand der Überlegungen nur eine Fehlermeldung:
Überlauf der Stoppwort-Tabelle.

Programmiersprache: Weil es bei diesem Problem auf die Manipula-
tion einzelner Zeichen ankommt, bietet sich als Programmiersprache
COBOL an; darüberhinaus sind Sortieren und Tabellendurchsuchen
Sprachbestandteile von COBOL.

5.2 Datenbeschreibung

Die Aufgabenstellung stellt keine Bedingungen, wir können also frei
verfahren.

Bisher haben wir zwei Eingabedateien (Stoppwörter und Aktenzeichen)
und zwei Ausgabelisten (Stoppwort-Liste und KWOC-Liste), letztere
als eine Liste mit zwei Teilen aufgefaßt. Die Liste soll möglichst
ins DIN-Format passen: Zeilenlänge maximal 110 Zeichen, Zeilenzahl
maximal 42 (DIN A 4 quer).

Datei der Stoppwörter:

Zeichen-Nr.:	Bedeutung:	Anzahl der Zeichen:
1 - 20	Stoppwort	20

Datei der Aktenzeichen:

Zeichen-Nr.:	Bedeutung:	Anzahl der Zeichen:
1 - 12	Aktenzeichen (Az)	12
13	Teilsatzkennzeichen = Blank: nur 1 Satz (kein Teilsatz) ≠ Blank: Teilsatz	1
14 - 72	Text	59
		72

Liste der Stoppwörter:

1 - 20	Stoppwort 1	20
21 - 29	Zwischenraum	9
30 - 49	Stoppwort 2	20
50 - 58	Zwischenraum	9
59 - 78	Stoppwort 3	20
79 - 87	Zwischenraum	9
88 - 107	Stoppwort 4	20
		107

KWOC-Liste:

1 - 12	Aktenzeichen	12
13 - 14	Zwischenraum	2
15 - 44	Schlüsselwort	30
45 - 47	Zwischenraum	3
48 - 108	Text	61
		108

Um die Struktur der Zeile sinnvoll in den 108 Zeichen unterzubringen, müssen wir die Länge des Schlüsselwortes beschränken. Aus diesen Rahmenbedingungen ergibt sich eine Maximallänge für ein Schlüsselwort von 30 Zeichen. Längere Schlüsselwörter werden abgeschnitten (Hinweis für Benutzerhandbuch!); eine Fehlermeldung ("Schlüsselwort zu lang") würde das Listenbild stören.

Das kürzeste Schlüsselwort ist 3 Zeichen lang; der Ersatz-Einschub besteht aus 3 Sternchen. Wegen der besseren Lesbarkeit wollen wir diese 3 Sternchen zusätzlich in Zwischenräume einschließen, so daß der Einschub aus 5 Zeichen besteht. Dementsprechend müssen wir den Text von 59 um 2 Zeichen auf 61 Zeichen verlängern.

5.3 Entwicklung des prozeduralen Teils

Erste Überlegungen:

Aufbau der Stoppwort-Tabelle;
Ausgabe der Stoppwort-Liste;
Erzeugen der KWOC-Zeilen;
Sortieren der KWOC-Zeilen und
Ausgabe der KWOC-Liste;

Dazu zeichnen wir ein HIPO-Diagramm, welches weitere Detaillierungen enthält (Fig. 37). Der Kasten mit dem Satz "KWOC-Zeile erzeugen" ist mit einer "wackeligen" Linie gezeichnet. Ich deute damit an, daß dieser Teil des Algorithmus uns noch unklar ist, daß wir ihn noch nicht fertig entworfen haben [52].

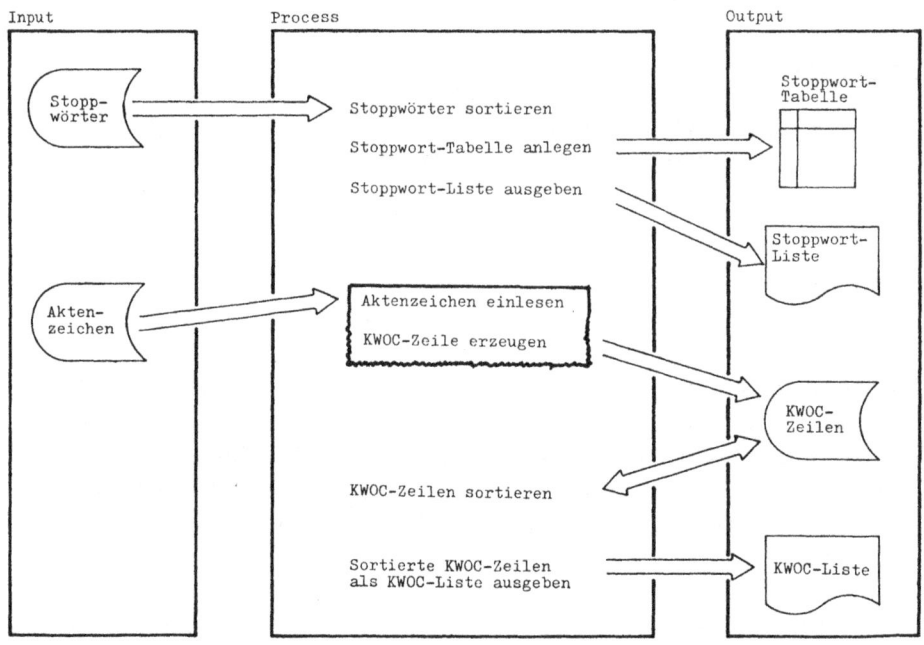

Fig. 37: HIPO-Diagramm des Programms KWOC (Übersichtsdiagramm).

Beim Entwurf von Fig. 37 ergibt sich, daß wir eine weitere Datei (als Zwischen- bzw. Scratch-Datei) benötigen, die

Datei der KWOC-Zeilen:

Zeichen-Nr.:	Bedeutung:	Anzahl der Zeichen:
1 - 12	Aktenzeichen	12
13 - 42	Schlüsselwort	30
43 - 103	Text	61
		103

Wir verfeinern:

{Aufbau der Stoppwort-Tabelle}
Datenfelder vorbesetzen;
Stoppwort-Datei sortieren, das Ergebnis auf einer Zwischen-
        Datei festhalten, welche die gleiche Datenstruktur hat;
while Daten vorhanden und Tabelle nicht übergelaufen
do
        Stoppwort aus Zwischen-Datei lesen;
        Stoppwörter zählen;
        if Wortzahl > Tabellenlänge
            then Tabellenüberlauf melden
            else Stoppwort in Tabelle eintragen
        fi;
od;

Anmerkungen:

1.) Wir benötigen also noch eine weitere Datei, so daß wir nunmehr folgendes Dateienensemble zu bearbeiten haben:

        Datei der Stoppwörter,
        Datei der Aktenzeichen,
        Druckdatei mit Liste der Stoppwörter und der KWOC-Liste,
        Datei der KWOC-Zeilen (Scratch),
        Datei der (sortierten) Stoppwörter (Scratch),

    Hinzu kommen noch (da wir in COBOL schreiben):

        Sortierdatei für die KWOC-Zeilen und
        Sortierdatei für die Stoppwörter.

2.) Bei Tabellenüberlauf ist zwar eine Fehlermeldung erforderlich, aber das Programm muß nicht abgebrochen werden, denn die KWOC-Liste wird schlimmstenfalls überflüssige Zeilen enthalten.

Die Ausgabe der Stoppwort-Liste sollte vier Kolonnen aufweisen, in
der Senkrechten sortiert, etwa so:

```
Wort 1     Wort 4     Wort 7     Wort 10
Wort 2     Wort 5     Wort 8     Wort 11
Wort 3     Wort 6     Wort 9
```

Im Beispiel sind 11 Stoppwörter enthalten. Um die Schrittweite in
der Waagerechten zu erhalten, rechnen wir

$$11 \ / \ 4 \ = \ 2 \ \ \text{Rest } 3;$$

d.h. wir dividieren die Stoppwortzahl durch die Anzahl der Kolonnen. Bleibt ein Rest, ist der Quotient um 1 zu vermehren. Mit
der so gewonnenen Zahl als Schrittweite greifen wir die Tabelle ab
(hier: Schrittweite = 3), und zwar so oft, wie es Kolonnen gibt,
das ergibt folgende Rechnung:

```
Anfang = 1
1 + 3 = 4
4 + 3 = 7
7 + 3 = 10

Anfang + 1 = 2
2 + 3 = 5
5 + 3 = 8
8 + 3 = 11

Anfang + 1 = 3
3 + 3 = 6
6 + 3 = 9
9 + 3 = 12        {> 11}
```

Die letzte Zeile wird nicht mehr ausgeführt, weil das Ergebnis
außerhalb des vorgegebenen Bereiches liegt (> Stoppwortzahl).

Der Algorithmus ist damit angedeutet.

```
{Ausgabe der Stoppwort-Liste}
Kolonnenzahl := 4;
Schrittweite := Stoppwortzahl / Kolonnenzahl;
if Divisionsrest ≠ 0
    then Schrittweite := Schrittweite + 1;
fi;
```

```
Anfang := 0;

while  Stoppwörter in Tabelle vorhanden
do
     Ausgabezeile löschen;
     Anfang := Anfang + 1;
     Wort-Index := Anfang;
     Stoppwort [Wort-Index] nach Ausgabezeile übertragen;
     Zeilen-Index := 1;
     while  Zeilen-Index ≤ Kolonnenzahl
     do
          Zeilen-Index := Zeilen-Index + 1;
          Wort-Index := Wort-Index + Schrittweite;
          Stoppwort [Wort-Index] nach Stoppwort [Zeilen-Index]
               übertragen
     od;
od;
```

Wir kommen nun zum schwierigsten Teil unserer Überlegungen: Wie
stellt man eine KWOC-Zeile her? Dazu erinnere ich an die Frage,
wie würde man das "zu Fuß" machen?

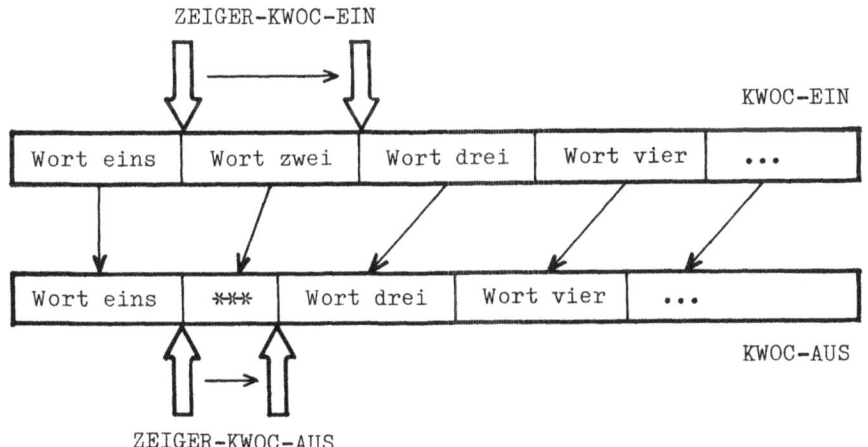

Fig. 38: Erzeugen einer KWOC-Zeile.

Zum Erzeugen von KWOC-Zeilen benötigen wir zwei Arbeitsbereiche,
KWOC-EIN und KWOC-AUS, die jeweils den Text enthalten. Nach Lesen eines Aktenzeichen-Satzes übertragen wir den Text nach KWOC-
EIN. In KWOC-EIN durchsuchen wir den Text. KWOC-AUS enthält den
geänderten Text (das gefundene Wort durch Sternchen ersetzt).
Zur Steuerung dieses Prozesses brauchen wir zwei Zeiger: ZEIGER-
KWOC-EIN und ZEIGER-KWOC-AUS. In Fig. 38 wird der Algorithmus
deutlich: Bis zum Zeigerstand wird "gerade" übertragen, hinter
dem Zeigerstand "versetzt".

Um die Sache auf andere Weise zu verdeutlichen, zeichnen wir ein
HIPO-Detail-Diagramm (Fig. 39), welches im wesentlichen den Kasten
im Zentrum von Fig. 37 auseinanderfaltet.

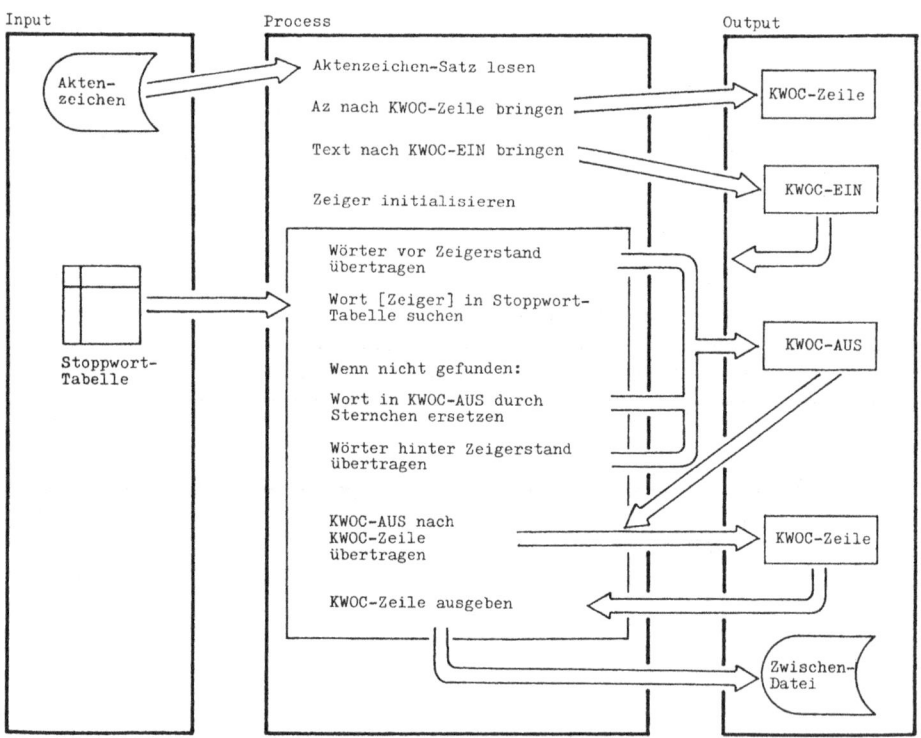

Fig. 39: HIPO-Detail-Diagramm: Erzeugen einer KWOC-Zeile.

```
{Erzeugen der KWOC-Zeilen}

    while  Aktenzeichen-Sätze vorhanden
    do
        Aktenzeichen-Satz lesen;
        Az nach KWOC-Zeile übertragen;
        Text nach KWOC-EIN schaffen;
        Zeiger initialisieren;
        while  Wörter in KWOC-EIN vorhanden
        do
            Wörter bis Zeigerstand von KWOC-EIN nach KWOC-AUS
                übertragen;
            if  Wort [Zeigerstand] in Stoppwort-Tabelle
                then  tue nichts
                else  Wort nach Schlüsselwort von KWOC-Zeile
                        schaffen;
                      Wort in KWOC-AUS durch Sternchen ersetzen;
                      Wörter hinter Zeigerstand übertragen;
                      KWOC-AUS nach Text von KWOC-Zeile über-
                        tragen;
                      KWOC-Zeile ausgeben
            fi;
            Zeiger weitersetzen;
        od;
    od;


{Sortieren der KWOC-Zeilen und Ausgabe der KWOC-Liste}
        Seitenlänge := 42;          {Anzahl der Zeilen pro Seite}
        Zeilenzähler := 3;          {wegen des Heftrandes}

        Sortieren der KWOC-Zeilen;

    while  KWOC-Zeilen vorhanden
    do
        KWOC-Zeile nach Ausgabezeile übertragen;
        if  Zeilenzähler > Seitenlänge
            then  Zeilenzähler := 3;
                  Vorschub auf neue Seite
        fi;
        Ausgabezeile drucken;
    od;

        Endemeldung;
```

Drei der vier (Anfangs-) Strukturblöcke von S. 144 sind bereits in einem Stadium, daß sie als Vorlage zur Codierung dienen können. Nur den zweiten müssen wir weiter verfeinern, und zwar den inneren while-do-Block von S. 149 oben. Zwei Probleme stehen dabei an:

- Die zu übertragenden Wörter sind von unbekannter Länge.
- Das Suchwort muß identifiziert werden.

Zum ersten Problem: Wir müssen den Transport zeichenweise vornehmen. Dazu fassen wir die Felder KWOC-EIN und KWOC-AUS als Felder von Einzelzeichen auf (59 bzw. 61 Zeichen lang). Der betreffende Zeiger zeigt immer auf Wortanfang (vgl. Fig. 38).

Zum zweiten Problem: Beginnend mit dem aktuellen Stand von ZEIGER-KWOC-EIN durchlaufen wir die folgenden Zeichen von KWOC-EIN bis zum nächsten Trennzeichen. Damit haben wir das Suchwort und seine Länge. Wenn das Suchwort kürzer als 3 Zeichen ist, versetzen wir beide Zeiger um die Suchwortlänge (< 3), zuzüglich 1 Trennzeichen.

Den ausgearbeiteten Strukturblock (innerer while-do-Block), den wir "Erzeugen e i n e r KWOC-Zeile" titulieren können, finden Sie auf der gegenüberliegenden Seite.

5.4 COBOL-Version des Beispiels

Das folgende COBOL-Programm habe ich aus den Pseudocode-Darstellungen des vorigen Abschnitts entwickelt. Beim Entwurf des (COBOL-) Codes bin ich an einigen Stellen aus praktischen Gründen geringfügig vom Pseudocode abgewichen; an anderen Stellen war der Pseudocode noch zu allgemein gehalten, im Code mußte ich daher weiter ins Detail gehen.

Beachten Sie u.a. folgendes:

- Verwendung langer, selbsterklärender Namen; damit erübrigen sich u.a. viele Kommentarzeilen.

- Vermeidung von Literalen. Das Programm ist dadurch änderungs-freundlich; um beispielsweise die Stoppwort-Liste von vier auf fünf Kolonnen zu erweitern, ist nur in zwei Zeilen, die man schnell findet, ein Zeichen zu ändern.

{Erzeugen e i n e r KWOC-Zeile (innerer <u>while</u>-<u>do</u>-Block)}

<u>while</u> Zeichen ≠ Zwischenraum in KWOC-EIN vorhanden
<u>do</u>
 ZEIGER-KWOC-AUS := ZEIGER-KWOC-EIN;

 Zeichen aus KWOC-EIN von 1 bis ZEIGER-KWOC-EIN nach den
  gleichnamigen Zeichen in KWOC-AUS schaffen;

 Schlüsselwort suchen;

 <u>if</u> Schlüsselwort < 3 Zeichen lang

  <u>then</u> beide Zeiger um Länge von Schlüsselwort (d.i. 1 oder
     2), vermehrt um 1 (Trennzeichen), versetzen

  <u>else</u> <u>begin</u>

    Schlüsselwort in Stoppwort-Tabelle suchen;

    <u>if</u> Schlüsselwort nicht in Stoppwort-Tabelle

     <u>then</u> <u>begin</u>

       Wort zeichenweise nach Schlüssel-
        wort von KWOC-Zeile schaffen;

       ZEIGER-KWOC-EIN um Länge des
        Schlüsselwortes, vermehrt
        um 1 Trennzeichen, versetzen;

       Sternchen zeichenweise nach KWOC-
        AUS schaffen;

       ZEIGER-KWOC-AUS um 5 versetzen;

       Wörter hinter ZEIGER-KWOC-EIN
        bis Textende von KWOC-EIN
        zeichenweise nach KWOC-AUS
        übertragen, bei ZEIGER-KWOC-
        AUS beginnend ("versetzt");

       KWOC-AUS nach Az-Text von KWOC-
        Zeile bringen;

       KWOC-Zeile ausgeben;

     <u>end</u>;

     <u>else</u>

      beide Zeiger um Länge von Schlüssel-
       wort, vermehrt um 1, versetzen

    <u>fi</u> Schlüsselwort;

   <u>end</u>;

 <u>fi</u>;
<u>od</u>;

- Obwohl ich mich nicht besonders darum bemüht habe, enthält das
  ganze Programm nur ein einziges GO TO! Dieses eine GO TO ist
  obendrein leicht zu vermeiden, wenn man die Unterprogramme der
  STOPPWORT SECTION in die KWOC-UNTERPROGRAMM SECTION umsiedelt.
  Dann muß man aber beim Lesen viel blättern; die Lesbarkeit war
  mir letztes Endes wichtiger als die Vermeidung eines GO TO's.

- Die Schleifen, die READ- oder WRITE-Anweisungen enthalten, sind
  nach der Methode von Seite 69 entwickelt; dies ist einer der
  Gründe, weshalb es keine weiteren GO-TO-Anweisungen im Programm
  gibt. Außerdem sind auf diese Weise die READ- und WRITE-Anweisungen im Prinzip keine bedingten Anweisungen mehr (AT END ...).

- Um Abkürzungen im Aktenplan bequemer erfassen zu können, ist der
  Punkt als Trennzeichen weggefallen.

- Die Verarbeitung des Divisionsrestes (S. 146) habe ich in die
  Division selbst mit hineingenommen. Diese Änderung ist eine Ge-
  schmacksfrage.

Das Programm KWOC ist getestet mit

- Stoppwort-Dateien verschiedenen Umfangs, d.h. mit je einer Anzahl von Sätzen, die
  • durch 4 teilbar,
  • nicht durch 4 teilbar sind;

- reduzierter Tabellenlänge (= 50 gesetzt), um den Tabellenüberlauf zu provozieren;

- zu kleiner Zwischen-Stoppwort-Datei, um den Datei-Überlauf zu
  provozieren;

- mit geänderter Kolonnenzahl der Stoppwort-Liste (fünf statt
  vier Kolonnen);

- "pathologischen" Aktenzeichen, d.h. mit
  • Az-Text von genau 59 Zeichen Länge,
  • Wörter in Az-Text von > 30 Zeichen Länge allein und an ver-
    schiedenen Positionen im Text.

Der Testdatensatz enthält alle anderen Sonderfälle, wie Wörter mit ein oder zwei Zeichen Länge, Wörter in Klammern eingeschlossen, etc.

Von der Ausgabe des Programms sind die Endemeldung und die ersten zwei Seiten der Liste wiedergegeben.

```
IDENTIFICATION DIVISION.

PROGRAM-ID.    KWOC.


*REMARKS.
**********************************************************************
*                                                                    *
*    KWOC                        Version  (2.0)                      *
*                                                                    *
*--------------------------------------------------------------------*
*                                                                    *
*    FUNKTIONSBESCHREIBUNG:                                          *
*                                                                    *
*       Erzeugung einer KWOC-Liste fuer einen Aktenplan.            *
*                                                                    *
*                                                                    *
*    EINGABE-DATEN, IHRE BESCHREIBUNG UND WERTEBEREICHE:            *
*                                                                    *
*       1.)  STOPPWORT-DATEI, enthaelt eine beliebige An-           *
*            Zahl von Stoppwoertern, bis zu 20 Zeichen lang,        *
*            unsortiert.                                             *
*                                                                    *
*       2.)  Datei AKTENPLAN, enthaelt die Aktenzeichen, die        *
*            in  AZ-SATZ  (FILE SECTION) naeher beschrieben         *
*            sind.  Ein Aktenzeichen kann aus mehreren Teil-        *
*            Saetzen bestehen.                                       *
*                                                                    *
*                                                                    *
*    AUSGABE-DATEN, IHRE BESCHREIBUNG UND WERTEBEREICHE:            *
*                                                                    *
*       1.)  Liste der Stoppwoerter.                               *
*                                                                    *
*       2.)  KWOC-Liste, sortiert.                                 *
*                                                                    *
*       Die Listen sind selbsterklaerend.                          *
*                                                                    *
*                                                                    *
*    FEHLERZUSTAENDE, DIE AUFTRETEN KOENNEN:                        *
*                                                                    *
*       Ueberlauf der Stoppwort-Tabelle.                            *
*       Ueberlauf der Zwischen-Wort-Datei.                          *
*                                                                    *
*                                                                    *
*    VERWENDETE UNTERPROGRAMME:                                     *
*                                                                    *
*       Keine.                                                       *
*                                                                    *
```

```
*                                                                       *
*-----------------------------------------------------------------------*
*                                                                       *
*     AENDERUNGSZUSTAND:                                                 *
*                                                                       *
*         Urfassung auf TR 440                                          *
*             im Mai 1980                                               *
*                                                                       *
*         Umsetzung auf NORSK DATA "ND-560"                             *
*             im Januar 1984.                                           *
*                                                                       *
*-----------------------------------------------------------------------*
*                                                                       *
*     AUTHOR:   Friedemann Singer                                       *
*               Hochschulrechenzentrum (HRZ) der                        *
*               Gesamthochschule Kassel (GhK)                           *
*               Moenchebergstrasse 11                                   *
*                                                                       *
*               D-3500  Kassel                                          *
*                                                                       *
*               Tel.:  (0561) 804-22 91  bzw. -22 86                    *
*                                                                       *
*************************************************************************


      ENVIRONMENT DIVISION.
      ***********************

      CONFIGURATION SECTION.

      SOURCE-COMPUTER.  ND-500.
      OBJECT-COMPUTER.  ND-500.


      INPUT-OUTPUT SECTION.

      FILE-CONTROL.

      * - - - - Eingabe-Dateien. - - - -
           SELECT AKTENPLAN            ASSIGN TO "AKTENPLAN:DATA".
           SELECT STOPPWORT-DATEI      ASSIGN TO "STOPPWORT:DATA".

      * - - - - Ausgabe-Datei. - - - - -
           SELECT LISTE                ASSIGN TO "LISTE:DATA".

      * - - - - Sortier-Dateien. - - - -
           SELECT SORTIER-KWOC-DATEI   ASSIGN TO "SORTIER:DATA".
           SELECT SORTIER-WORT-DATEI   ASSIGN TO "SORTWO:DATA".

      * - - - - Zwischen-Dateien.- - - -
           SELECT ZWISCHEN-KWOC-DATEI  ASSIGN TO "ZWISCH:DATA".
           SELECT ZWISCHEN-WORT-DATEI  ASSIGN TO "ZWIWO:DATA".
```

Der Schrägstrich "/" in Position 7 einer COBOL-Zeile bewirkt, daß
der Übersetzer in der Auflistung des Programms auf eine neue Seite
vorschiebt.

```
/
 DATA DIVISION.
 ****************


 FILE SECTION.
 ***************


 * - - - - Eingabe-Dateien. - - - -

 FD  AKTENPLAN
     LABEL RECORDS ARE OMITTED
     RECORDING MODE IS TEXT-FILE
     DATA RECORD IS AZ-SATZ.

 01  AZ-SATZ.
     02  AZ                   PIC X(12).
     02  TEILSATZ             PIC X.
     02  AZ-TEXT              PIC X(59).


 FD  STOPPWORT-DATEI
     LABEL RECORDS ARE OMITTED
     RECORDING MODE IS TEXT-FILE
     DATA RECORD IS STOPP-WORT-EIN.

 01  STOPP-WORT-EIN           PIC X(20).


 * - - - - Ausgabe-Datei. - - - - -

 FD  LISTE
     LABEL RECORDS ARE OMITTED
     DATA RECORDS ARE ZEILE, KWOC-ZEILE.

 01  ZEILE                    PIC X(136).

 01  KWOC-ZEILE.
     02  FILLER               PIC X(4).
     02  AZ                   PIC X(12).
     02  FILLER               PIC X(3).
     02  SCHLUESSEL-WORT      PIC X(30).
     02  FILLER               PIC X(3).
     02  AZ-TEXT              PIC X(61).
```

```
    * - - - - Sortier-Dateien. - - - -

    SD  SORTIER-KWOC-DATEI
        RECORDING MODE IS TEXT-FILE
        DATA RECORD IS SORTIER-KWOC-SATZ.

    01  SORTIER-KWOC-SATZ.
        02  AZ                      PIC X(12).
        02  SCHLUESSEL-WORT         PIC X(30).
        02  AZ-TEXT                 PIC X(61).


    SD  SORTIER-WORT-DATEI
        RECORDING MODE IS TEXT-FILE
        DATA RECORD IS SORTIER-WORT-SATZ.

    01  SORTIER-WORT-SATZ           PIC X(20).


    * - - - - Zwischen-Dateien. - - - -

    FD  ZWISCHEN-KWOC-DATEI
        RECORDING MODE IS TEXT-FILE
        LABEL RECORD IS OMITTED
        DATA RECORD IS ZWISCHEN-KWOC-ZEILE,
                       ZWISCHEN-KWOC-ZEILE-2,
                       ZWISCHEN-KWOC-ZEILE-3.

    01  ZWISCHEN-KWOC-ZEILE.
        02  AZ                      PIC X(12).
        02  SCHLUESSEL-WORT         PIC X(30).
        02  AZ-TEXT                 PIC X(61).

    01  ZWISCHEN-KWOC-ZEILE-2.
        02  FILLER                  PIC X(12).
        02  SUCHWORT.
            03  ZEICHEN     OCCURS 30    PIC X.
        02  FILLER                  PIC X(61).

    01  ZWISCHEN-KWOC-ZEILE-3.
        02  FILLER                  PIC X(12).
        02  SUCHWORT-20             PIC X(20).
        02  FILLER                  PIC X(71).


    FD  ZWISCHEN-WORT-DATEI
        RECORDING MODE IS TEXT-FILE
        LABEL RECORD IS OMITTED
        DATA RECORD IS ZWISCHEN-STOPPWORT.

    01  ZWISCHEN-STOPPWORT          PIC X(20).
```

```
WORKING-STORAGE SECTION.
****************************


01  KONSTANTE.

    02  LAENGE-TEXT-EIN         USAGE IS COMP
                                PIC 9(5)         VALUE IS 59.
*                               Laenge des Az-Textes aus KWOC-EIN.
*                               Achtung:  Zahl 59 auch in FILE SECTION.

    02  LAENGE-TEXT-AUS         USAGE IS COMP
                                PIC 9(5)         VALUE IS 61.
*                               Laenge des Az-Textes von KWOC-AUS.
*                               Achtung:  Zahl 61 auch in FILE SECTION.

    02  TABELLEN-LAENGE         USAGE IS COMP
                                PIC 9(5)         VALUE IS 120.
*                               Laenge der Stop-Wort-Tabelle.
*                               Achtung:  Literal auch in "STOPP-WOERTER".

    02  KOLONNEN-ZAHL           USAGE IS COMP
                                PIC 9(5)         VALUE IS 4.
*                               Anzahl der Kolonnen der Stop-Wort-Liste.
*                               Achtung:  Literal auch in "STOPPWORT-ZEILE".

    02  SEITEN-LAENGE           USAGE IS COMP
                                PIC 9(5)         VALUE IS 42.
*                               Anzahl der Zeilen pro Druck-Seite.

    02  AZ-ENDE                 PIC 9            VALUE IS 1.
*                               Ende der Aktenplan-Datei.
*                               Achtung:  Literal auch in "VARIABLE".

    02  TABELLEN-ENDE           PIC 9            VALUE IS 1.
*                               Ende der Stoppwort-Tabelle.
*                               Achtung:  Literal auch in "VARIABLE".

    02  KWOC-ENDE               PIC 9            VALUE IS 5.
*                               Ende der Zwischen-KWOC-Datei.
*                               Achtung:  Literal auch in "VARIABLE".

    02  WORT-ENDE               PIC 9            VALUE IS 6.
*                               Ende der Zwischen-Wort-Datei
*                               oder Ende des Suchworts.
*                               Achtung:  Literal auch in "VARIABLE".

    02  LEER                    PIC A            VALUE IS SPACE.
```

```
01   VARIABLE.
     02   WORT-ZAHL              PIC 9(5)      USAGE IS COMP.
     02   ZEILEN-ZAEHLER         PIC 9(2).
     02   AZ-ZAEHLER             PIC 9(4).
     02   KWOC-ZAEHLER           PIC 9(4).
*  - - - - Steuerungs-Variable (vgl. "KONSTANTE"). - - - -
     02   TABELLEN-UEBERLAUF     PIC 9.
          88   TABELLE-UEBERGELAUFEN       VALUE IS 1.
     02   DATEI-ENDE             PIC 9.
          88   EOF-AKTENPLAN               VALUE IS 1.
          88   EOF-ZWISCHEN-KWOC           VALUE IS 5.
          88   EOF-ZWISCHEN-WORT           VALUE IS 6.
     02   SUCHWORT-ENDE          PIC 9.
          88   WORT-ENDE-GEFUNDEN          VALUE IS 6.
          88   WORT-NICHT-GEFUNDEN         VALUE IS 5.


01   INDIZES.
     02   J-ZEILE           USAGE IS COMP     PIC 9(5).
     02   J-KWOC-EIN        USAGE IS COMP     PIC 9(5).
     02   J-KWOC-AUS        USAGE IS COMP     PIC 9(5).
     02   J-SUCHWORT        USAGE IS COMP     PIC 9(5).
     02   J-STERNCHEN       USAGE IS COMP     PIC 9(5).
     02   J-REST            USAGE IS COMP     PIC 9(5).
     02   J-ANFANG          USAGE IS INDEX.


01   ZEIGER.
     02   ZEIGER-KWOC-EIN   USAGE IS COMP     PIC 9(5).
     02   ZEIGER-KWOC-AUS   USAGE IS COMP     PIC 9(5).
     02   SCHRITTWEITE      USAGE IS COMP     PIC 9(5).


01   STOPP-WOERTER.
*         Tabellen-Laenge = 120.
     02   WOERTER           OCCURS 10 TO 120 TIMES
                            DEPENDING ON WORT-ZAHL
                            ASCENDING KEY IS WOERTER
                                  INDEXED BY J-TABELLE.
          03   WORT         PIC X(20).


01   KWOC-EIN.
     02   ZEICHEN           OCCURS 59      PIC X.

01   KWOC-AUS.
     02   ZEICHEN           OCCURS 61      PIC X.

01   STARLETS.
     02   FILLER            PIC X(5)       VALUE  " *** ".

01   STERNCHEN             REDEFINES STARLETS.
     02   ZEICHEN           OCCURS 5       PIC X.
```

```
01  STOPPWORT-ZEILE.
*       Anzahl der Kolonnen = 4.
    02  ELEMENT               OCCURS 4 TIMES.
        03  FILLER            PIC XXXX.
        03  WORT              PIC A(20).


01  UEBERSCHRIFT-1.
    02  FILLER                PIC X(28)     VALUE SPACES.
    02  FILLER                PIC X(31)     VALUE IS
        "S T O P P - W O R T - L I S T E".

01  UEBERSCHRIFT-2.
    02  FILLER                PIC X(28)     VALUE SPACES.
    02  FILLER                PIC X(32)     VALUE IS
        "K W O C - L I S T E    sortiert".

01  FUSS-1                    PIC X(54)     VALUE IS
    "   ACHTUNG:   Die kleinen Buchstaben rangieren in der".
01  FUSS-2                    PIC X(54)     VALUE IS
    "   ========   Sortierfolge nach den GROSSBUCHSTABEN, ".
01  FUSS-3                    PIC X(39)     VALUE IS
    "            d.h.  a  folgt nach  Z !".

01  FEHLERTEXT-1.
    02  FEHLER-ZEILE-1-1      PIC X(40)
        VALUE IS "*** KWOC: Ueberlauf der Stoppwort-Liste,".
    02  FEHLER-ZEILE-1-2.
        03  FILLER            PIC X(19)
            VALUE IS "      mehr als ".
        03  TABELLEN-LAENGE-AUS PIC 9(3).
        03  FILLER            PIC X(24)
            VALUE IS " Eintragungen enthalten.".

01  FEHLERTEXT-2.
    02  FEHLER-ZEILE-2-1      PIC X(39);
        VALUE IS "*** KWOC: Ueberlauf ZWISCHEN-KWOC-DATEI".
```

```
/
 PROCEDURE DIVISION.
 *********************

 STOPPWORT   SECTION.
 *********************

 STOPPWORT-ANFANG.
     MOVE ZEROES TO VARIABLE.
     MOVE SPACES TO ZEILE.

 STOPPWORT-DATEI-SORTIEREN.
     SORT SORTIER-WORT-DATEI
         ON ASCENDING KEY  SORTIER-WORT-SATZ
             USING STOPPWORT-DATEI
             GIVING ZWISCHEN-WORT-DATEI.

 STOPPWORT-TABELLE-FUELLEN.
     OPEN INPUT ZWISCHEN-WORT-DATEI.
     READ ZWISCHEN-WORT-DATEI RECORD;
         AT END MOVE WORT-ENDE TO DATEI-ENDE.
     MOVE 0 TO WORT-ZAHL.
     PERFORM AUFBAU-STOPPWORT-TABELLE
             VARYING J-TABELLE FROM 1 BY 1
             UNTIL EOF-ZWISCHEN-WORT  OR
                   TABELLE-UEBERGELAUFEN.
     CLOSE ZWISCHEN-WORT-DATEI.

 STOPPWORT-LISTE-AUSGEBEN.
     OPEN OUTPUT LISTE.
     WRITE ZEILE FROM LEER AFTER PAGE.
     WRITE ZEILE FROM UEBERSCHRIFT-1 AFTER 3 LINES.
     WRITE ZEILE FROM LEER AFTER 3 LINES.
     PERFORM AUSGABE.

     WRITE ZEILE FROM FUSS-1 AFTER 5 LINES.
     WRITE ZEILE FROM FUSS-2.
     WRITE ZEILE FROM FUSS-3.
     CLOSE LISTE.

 * - - - - Uebergang zur naechsten SECTION. - - - -
     GO TO KWOC-ERZEUGEN.
 * - - - - Uebergang zur naechsten SECTION. - - - -
```

```
*  - - - - - - - - - - - - - - - - - - - - - - - - - - -
*  - - - - Unterprogramme der STOPPWORT SECTION. - - - -
*  - - - - - - - - - - - - - - - - - - - - - - - - - - -

AUFBAU-STOPPWORT-TABELLE.
*  . . . . Eintragen der (sortierten) Stoppwoerter
*  . . . . in die Stoppwort-Tabelle.
     ADD 1 TO WORT-ZAHL.
     IF WORT-ZAHL > TABELLEN-LAENGE;
         PERFORM UEBERLAUF.
     MOVE ZWISCHEN-STOPPWORT
         TO WORT  OF STOPP-WOERTER (J-TABELLE).
     READ ZWISCHEN-WORT-DATEI RECORD;
         AT END MOVE WORT-ENDE TO DATEI-ENDE.

UEBERLAUF.
     MOVE TABELLEN-LAENGE TO TABELLEN-LAENGE-AUS.
     DISPLAY FEHLER-ZEILE-1-1.
     DISPLAY FEHLER-ZEILE-1-2.
     MOVE TABELLEN-ENDE TO TABELLEN-UEBERLAUF.



AUSGABE.
     COMPUTE SCHRITTWEITE =
         (WORT-ZAHL + (KOLONNEN-ZAHL - 1) ) / KOLONNEN-ZAHL.
     SET J-TABELLE TO 1.
     PERFORM ZEILE-AUSGEBEN SCHRITTWEITE TIMES.

ZEILE-AUSGEBEN.
     MOVE SPACES TO STOPPWORT-ZEILE.
     SET J-ANFANG TO J-TABELLE.
     MOVE 1 TO J-ZEILE.
     PERFORM STOPPWORT-UEBERTRAGEN KOLONNEN-ZAHL TIMES.
     SET J-TABELLE TO J-ANFANG.
     SET J-TABELLE UP BY 1.
     WRITE ZEILE FROM STOPPWORT-ZEILE AFTER 1 LINES.

STOPPWORT-UEBERTRAGEN.
     MOVE WORT OF STOPP-WOERTER (J-TABELLE)
         TO WORT OF STOPPWORT-ZEILE (J-ZEILE).
     COMPUTE J-ZEILE = J-ZEILE + 1.
     SET J-TABELLE UP BY SCHRITTWEITE.
```

```
/
 KWOC SECTIQN.
 ***************

 KWOC-ERZEUGEN.
     OPEN INPUT  AKTENPLAN.
     OPEN OUTPUT ZWISCHEN-KWOC-DATEI.
     READ AKTENPLAN RECORD;
         AT END MOVE AZ-ENDE TO DATEI-ENDE.
     PERFORM KWOC-ZEILEN-ERZEUGEN
         UNTIL EOF-AKTENPLAN  OR
               EOF-ZWISCHEN-KWOC.
     IF EOF-ZWISCHEN-KWOC
         DISPLAY  FEHLER-ZEILE-2-1.
     CLOSE ZWISCHEN-KWOC-DATEI, AKTENPLAN.

 KWOC-SORTIEREN.
     SORT SORTIER-KWOC-DATEI
         ON ASCENDING KEY  SCHLUESSEL-WORT OF SORTIER-KWOC-SATZ,
                           AZ OF SORTIER-KWOC-SATZ
             USING ZWISCHEN-KWOC-DATEI
             GIVING ZWISCHEN-KWOC-DATEI.

 KWOC-AUSGEBEN.
     OPEN INPUT ZWISCHEN-KWOC-DATEI.
     OPEN EXTEND LISTE.
     WRITE ZEILE FROM LEER AFTER PAGE.
     WRITE ZEILE FROM UEBERSCHRIFT-2 AFTER 3 LINES.
     WRITE ZEILE FROM LEER AFTER 3 LINES.
     MOVE 6 TO ZEILEN-ZAEHLER.
     READ ZWISCHEN-KWOC-DATEI RECORD;
         AT END  MOVE KWOC-ENDE TO DATEI-ENDE.
     PERFORM AUSGABE-KWOC-LISTE
         UNTIL EOF-ZWISCHEN-KWOC.
     CLOSE LISTE, ZWISCHEN-KWOC-DATEI.


 SCHLUSS.
     DISPLAY SPACE.
     DISPLAY "Verarbeitet wurden ", AZ-ZAEHLER, " Aktenzeichen;".
     DISPLAY "    erzeugt wurden ", KWOC-ZAEHLER, " KWOC-Zeilen.".
     DISPLAY SPACE.
     DISPLAY " .================================".
     DISPLAY " === That's all, Charley Brown ===".
     DISPLAY " ================================".
     STOP RUN.
```

```
/
 KWOC-UNTERPROGRAMM SECTION.
 ******************************

 * - - - - Unterprogramme der Semantischen Ebene 1. - - - -

 KWOC-ZEILEN-ERZEUGEN.
 * . . . . Diese Prozedur erzeugt aus einem Satz der Az-Datei
 * . . . . die zugehoerigen KWOC-Zeilen.
     ADD 1 TO AZ-ZAEHLER.
     MOVE SPACES            TO  ZWISCHEN-KWOC-ZEILE.
     MOVE AZ       OF AZ-SATZ TO  AZ OF ZWISCHEN-KWOC-ZEILE.
     MOVE AZ-TEXT OF AZ-SATZ TO  KWOC-EIN.
     MOVE 1                 TO  ZEIGER-KWOC-EIN, ZEIGER-KWOC-AUS.
     PERFORM KWOC-ZEILE-AUFBAUEN  UNTIL
                  EOF-ZWISCHEN-KWOC  OR
                  (ZEIGER-KWOC-EIN = LAENGE-TEXT-EIN OR
                                   > LAENGE-TEXT-EIN).
     READ AKTENPLAN RECORD;
         AT END MOVE AZ-ENDE TO DATEI-ENDE.
 * . . . . UNTIL EOF-AKTENPLAN.


 AUSGABE-KWOC-LISTE.
     MOVE CORRESPONDING ZWISCHEN-KWOC-ZEILE  TO KWOC-ZEILE.
     IF   ZEILEN-ZAEHLER > SEITEN-LAENGE
             MOVE 3 TO ZEILEN-ZAEHLER
             WRITE ZEILE FROM LEER AFTER PAGE
             WRITE KWOC-ZEILE AFTER 3
         ELSE
             ADD 1 TO ZEILEN-ZAEHLER
             WRITE KWOC-ZEILE.
     READ ZWISCHEN-KWOC-DATEI RECORD;
         AT END  MOVE KWOC-ENDE TO DATEI-ENDE.
 * . . . . UNTIL EOF-ZWISCHEN-KWOC.


 * - - - - Unterprogramme der Semantischen Ebene 2. - - - -

 KWOC-ZEILE-AUFBAUEN.
 * . . . . Diese Prozedur erzeugt eine KWOC-Zeile;
 * . . . . Auf das aktuelle Schluesselwort weist der Zeiger hin.
     MOVE SPACES TO KWOC-AUS.
     IF   ZEIGER-KWOC-EIN > 1
             PERFORM VOR-ZEIGER-UEBERTRAGUNG
                 VARYING J-KWOC-EIN  FROM 1 BY 1
                     UNTIL J-KWOC-EIN = ZEIGER-KWOC-EIN.
     MOVE ZEIGER-KWOC-EIN TO ZEIGER-KWOC-AUS.
     PERFORM SCHLUESSELWORT-SUCHEN.
     MOVE KWOC-AUS TO AZ-TEXT OF ZWISCHEN-KWOC-ZEILE.
     IF   WORT-NICHT-GEFUNDEN
             WRITE ZWISCHEN-KWOC-ZEILE.
```

```
* - - - - Unterprogramme der Semantischen Ebene 3. - - - -

VOR-ZEIGER-UEBERTRAGUNG.
    MOVE ZEICHEN OF KWOC-EIN (J-KWOC-EIN) TO
        ZEICHEN OF KWOC-AUS (J-KWOC-EIN).


SCHLUESSELWORT-SUCHEN.
*  . . . . In dieser Prozedur wird das naechste Schluesselwort
*  . . . . gesucht und nach  SUCHWORT  uebertragen.
*  . . . . Anschliessend werden die Sternchen und der Rest
*  . . . . des Az-Textes "versetzt" nach  KWOC-AUS  uebertragen.
    MOVE SPACES TO SUCHWORT.
    MOVE ZERO TO SUCHWORT-ENDE.
    PERFORM SUCHEN
        VARYING J-SUCHWORT FROM 1 BY 1
            UNTIL WORT-ENDE-GEFUNDEN
                OR J-KWOC-EIN > LAENGE-TEXT-EIN.
*  . . . . J-SUCHWORT gibt die Laenge des Schluesselwortes an;
*  . . . . wegen des nachfolgenden Trennzeichens, das mitgezaehlt
*  . . . . wird, und weil der Laufindex heraufgesetzt wird bevor
*  . . . . die Endabfrage im Prozedur-Aufruf erfolgt, enthaelt
*  . . . . "J-SUCHWORT" einen um 2 (zwei) vermehrten Wert.
    IF   SUCHWORT IS EQUAL TO SPACES
            ADD 1 TO ZEIGER-KWOC-EIN, ZEIGER-KWOC-AUS
        ELSE
            IF J-SUCHWORT < 5
                PERFORM ZEIGER-VERSETZEN
            ELSE
                PERFORM REST-VERARBEITEN.


* - - - - Unterprogramme der Semantischen Ebene 4. - - - -

SUCHEN.
    COMPUTE J-KWOC-EIN = ZEIGER-KWOC-EIN + J-SUCHWORT - 1.
    IF ZEICHEN OF KWOC-EIN (J-KWOC-EIN)
                IS EQUAL TO SPACE OR
                IS EQUAL TO  ","  OR
                IS EQUAL TO  "-"  OR
                IS EQUAL TO  "/"  OR
                IS EQUAL TO  "("  OR
                IS EQUAL TO  ")"
            MOVE WORT-ENDE TO SUCHWORT-ENDE
        ELSE
            MOVE ZEICHEN OF KWOC-EIN (J-KWOC-EIN) TO
                ZEICHEN OF SUCHWORT (J-SUCHWORT).


REST-VERARBEITEN.
    PERFORM TABELLE-DURCHSUCHEN.
    IF WORT-NICHT-GEFUNDEN
            ADD 1 TO KWOC-ZAEHLER
            PERFORM REST-UEBERTRAGEN
        ELSE
            PERFORM ZEIGER-VERSETZEN.
```

```
*  -  -  -  -  Unterprogramme der Semantischen Ebene 5.  -  -  -  -

   ZEIGER-VERSETZEN.
       COMPUTE ZEIGER-KWOC-EIN =
               ZEIGER-KWOC-EIN + J-SUCHWORT - 2.
       COMPUTE ZEIGER-KWOC-AUS =
               ZEIGER-KWOC-AUS + J-SUCHWORT - 2.


   TABELLE-DURCHSUCHEN.
       SEARCH ALL WOERTER
           AT END MOVE KWOC-ENDE TO SUCHWORT-ENDE
           WHEN WOERTER (J-TABELLE) = SUCHWORT-20
               NEXT SENTENCE.


   REST-UEBERTRAGEN.
       PERFORM MOVE-STERNCHEN
           VARYING J-STERNCHEN
               FROM 1 BY 1   UNTIL J-STERNCHEN > 5.
*  .  .  .  .  Zeiger versetzen:
       COMPUTE ZEIGER-KWOC-EIN =
               ZEIGER-KWOC-EIN + J-SUCHWORT - 2.
       COMPUTE ZEIGER-KWOC-AUS =
               ZEIGER-KWOC-AUS + 5.
       PERFORM NACH-ZEIGER-UEBERTRAGUNG
           VARYING J-REST FROM 0 BY 1
               UNTIL J-KWOC-EIN > LAENGE-TEXT-EIN
                  OR J-KWOC-AUS > LAENGE-TEXT-AUS.


*  -  -  -  -  Unterprogramme der Semantischen Ebene 6.  -  -  -  -

   MOVE-STERNCHEN.
       COMPUTE J-KWOC-AUS = ZEIGER-KWOC-AUS + J-STERNCHEN - 1.
       MOVE ZEICHEN OF STERNCHEN (J-STERNCHEN) TO
               ZEICHEN OF KWOC-AUS (J-KWOC-AUS).


   NACH-ZEIGER-UEBERTRAGUNG.
       COMPUTE J-KWOC-EIN = ZEIGER-KWOC-EIN + J-REST.
       COMPUTE J-KWOC-AUS = ZEIGER-KWOC-AUS + J-REST.
       MOVE ZEICHEN OF KWOC-EIN (J-KWOC-EIN) TO
               ZEICHEN OF KWOC-AUS (J-KWOC-AUS).
```

Programm-Ende.

Endemeldung des Programmlaufs mit Testdaten:


```
   Verarbeitet wurden 0048 Aktenzeichen;
      erzeugt wurden 0094 KWOC-Zeilen.

   ================================
   === That's all, Charley Brown ===
   ================================
```

Die ersten zwei Seiten der Ergebnis-Liste (verkleinerte Wiedergabe):

```
                        S T O P P - W O R T - L I S T E


Abt.                 alles              des                nicht
Alle                 alphabetisch       die                oder
Allgemeine           andere             eingeordnet        sonstige
Allgemeiner          anderen            einzelnen          sonstigen
Allgemeines          auf                etc.               und
Das                  aus                fuer               vom
Der                  ausser             gehende            von
Die                  betreffende        geordnet           was
GmbH                 bis                gesammelt          weitere
HRZ                  d.h.               gesamte            werden
Sonstige             das                kann               z.B.
Sonstiges            dem                mehr               zum
alle                 den                mit                zur
aller                der                nach


ACHTUNG:    Die kleinen Buchstaben rangieren in der
========    Sortierfolge nach den GROSSBUCHSTABEN,
            d.h.  a  folgt nach  Z !



                   K W O C - L I S T E     sortiert




2.8          Abgehender           ***  Schriftwechsel des HRZ
2.4.2.1      Abteilungen          Berichte und Protokolle aus  ***  des HRZ
2.1.2        Aktenplan            ***  des HRZ
2.9.1        Anschlaege           ***  und Aushaenge (HRZ-intern)
1.6          Anschluessen         Leitungsantraege, nach  ***  gesammelt
2.4.2.2      Arbeitsgruppen       Berichte aus  ***  und Projekten des HRZ
2.9.1        Aushaenge            Anschlaege und  ***  (HRZ-intern)
1.4          Ausland              kommerzielle Rechenzentren, Rechenzentren im
2.3.2        Ausschuesse          (Senat, Konvent, Staendige  ***  I, II, III,
2.3.1        Ausschuss            Das HRZ betreffende Gremien der GhK, Staendig
2.7.1        Bauplaene            ***
2.7.2        Belegungsplaene      ***
2.3.1.3      Benutzerversammlung  ***
2.2.2.3      Benutzungsordnung    ***
1.2          Bereiche             Alle sonstigen  ***  der GhK
1.2          Bereichsbibliotheken (Gesamthochschulbibliothek,  *** ,
2.4.1        Berichte             Nach aussen gehende  ***  (Jahresbericht, Sta
2.4.2        Berichte             Interne  ***
2.4.2.1      Berichte             ***  und Protokolle aus Abteilungen des HRZ
2.4.2.2      Berichte             ***  aus Arbeitsgruppen und Projekten des HR:
2.4          Berichtswesen        ***  des HRZ
1.7          Beziehungen          ***  zu Verbaenden, Vereinigungen, Institute:
1.3.4        Bundesministerien    ***
1.6          Bundespost           ***  und Fernmeldeaemter
2.2.1.2      Datenschutz          ***  und -Sicherheit
1.2          Fachbereiche         Wissenschaftliche Zentren, Studienbereiche,
1.6          Fernmeldeaemter      Bundespost und  ***
1.5          Firmen               Korrespondenz mit  ***
2.2.2.2      Gebuehrenordnung     ***
1.2          Gesamthochschulbibliothek  ( *** , Bereichsbibliotheken,
1.1          Gesamthochschule     Zentralverwaltung der GhK ( ***  Kassel)
2.1.3        Geschaeftsordnung    ***  des HRZ
2.1.1        Geschaeftsverteilungsplan  ***  des HRZ
1.7          Gesellschaft         ***  fuer Informatik (GI)
1.1          GhK                  Zentralverwaltung der  ***  (Gesamthochschule
1.2          GhK                  Alle sonstigen Bereiche der  ***
```

Literaturverzeichnis

Zum Thema dieses Buches gibt es viel "Graue Literatur", d.h. zeit-
schriftenartige Mitteilungen einzelner Rechenzentren, Institutsbe-
richte, u.ä.. Ich nenne aus diesem Bereich zwei Arbeiten, denen
ich manch wertvolle Anregungen verdanke:

BUCHER, W.: Programmierstil. In: RZ Bulletin - Rechenzentrum
der ETH Zürich, Nr. 29, Juli 1977

FISCHER, A.; et al.: Leitfaden zur Strukturierten Programmie-
rung, 3. Aufl., Hannover: Regionales Rechenzentrum für
Niedersachsen bei der Technischen Universität Hannover,
Mai 1978. = Projektgruppe Programmiermethodik, Bericht Nr. 2

Bei der Abfassung des Literaturverzeichnisses habe ich mich im üb-
rigen auf allgemein zugängliche Quellen beschränkt.

[1] ALAGIĆ, S.; ARBIB, M. A.: The Design of Well-Structured and
Correct Programs. New York - Heidelberg - Berlin:
Springer 1978

[2] ALBER, K. (Hrsg.): Programmiersprachen - 5. Fachtagung der
GI, Braunschweig, 1978. Berlin - Heidelberg - New York:
Springer 1978. = Informatik Fachberichte 12

[3] BALZERT, H.: Vergleichende Betrachtungen modularer Sprach-
konzepte. In [2], 45 - 72

[4] BÖHM, C.; JACOPINI, G.: Flow Diagrams, Turing Machines And
Languages With Only Two Formation Rules. CACM $\underline{9}$ (1966),
366 - 371

[5] BRINCKMANN, H.; et al.: Fortschritt der Computer - Computer
für den Fortschritt? Informatik Spektrum $\underline{2}$ (1979),
238 - 242

[6] BUCHEGGER, O.: Anwendung der Gestaltpsychologie zur Verbesserung der visuellen Kommunikation in der Datenverarbeitung. Elektronische Rechenanlagen $\underline{21}$ (1979), 268 - 273

[7] DAHL, O.-J.; DIJKSTRA, E. W.; HOARE, C. A. R,: Structured
Programming. 5. Auflage. London - New York: Academic
Press 1974. = A. P. I. C. Studies in Data Processing 8

[8] DE MILLO, R. A.; LIPTON, R. J.; PERLIS, A. J.: Social Pro-
cesses and Proofs of Theorems and Programs. CACM $\underline{22}$
(1979), 271 - 280

[9] DENERT, E.: Software-Modularisierung. Informatik Spektrum $\underline{2}$
(1979), 204 - 218

[10] DIJKSTRA, E. W.: Go To Statement Considered Harmful, Letter
to the Editor. CACM $\underline{11}$ (1968), 147 - 148

[11] DIJKSTRA, E. W.: The Humble Programmer, In [20], 9 - 22

[12] DIJKSTRA, E. W.: On the Interplay Between Mathematics and
      Programming. In BAUER, F. L.; BROY, M. (Hrsg.): Pro-
      gram Construction. Berlin - Heidelberg - New York:
      Springer 1979. = Lecture Notes in Computer Sciences 69

[13] DIN 66 220: Programmablauf für die Verarbeitung von Dateien
      nach Satzgruppen. In DIN: Informationsverarbeitung 2.
      Berlin - Köln: Beuth 1978. = DIN-Taschenbuch 125

[14] DIN 66 241: Entscheidungstabelle. Berlin - Köln: Beuth 1979

[15] FLOYD, R. W.: The Paradigms of Programming. CACM $\underline{22}$ (1979),
      455 - 460

[16] FRIED, R.; McKENZIE, R.: The Next COBOL Standard.
      DATAMATION $\underline{25}$ (September 1979), 175 - 180

[17] FROST, D.: Psychology and Program Design. DATAMATION $\underline{21}$
      (Mai 1975), 137 - 138

[18] GELDER, A. van: Structured Programming in COBOL: An Approach
      for Application Programmers. CACM $\underline{20}$ (1977), 2 - 12

[19] GILB, T.: The "Design by Objectives" Method for Controlling
      Maintainability: A Quantitative Approach for Software.
      In [26], 19 - 28

[20] GRIES, D. (Hrsg.): Programming Methodology - A Collection of
      Articles by Members of IFIP WG2.3. New York - Heidelberg
      - Berlin: Springer 1978

[21] GUTTAG, J. V.: Abstract Data Types and the Development of
      Data Structures. CACM $\underline{20}$ (1977), 396 - 404

[22] GUTTAG, J. V.; HORNING, J. J.: The Algebraic Specification
      of Abstract Data Types. In [20], 282 - 308

[23] HEILMANN, W.: Komprimierte oder strukturierte Entscheidungs-
      tabellen? Computerwoche Nr. 24, 10. Juni 1977

[24] HOARE, C. A. R.: An Axiomatic Basis for Computer Programming.
      In [20], 89 - 100

[25] HOARE, C. A. R.: Proof of a Program: FIND. In [20],
      101 - 115

[26] HOFFMANN, H.-J. (Hrsg.): Programmiersprachen und Programm-
      entwicklung; 6. Fachtagung des Fachausschusses Program-
      miersprachen der GI, Darmstadt, 11. - 12. März 1980.
      Berlin - Heidelberg - New York: Springer 1980. = Infor-
      matik Fachberichte 25

[27] IBM: HIPO - Eine Design-Hilfe und Dokumentationstechnik,
      2. Aufl., Stuttgart 1979. = IBM Form GC12-1296-1

[28] JACKSON, M. A.: Principles of Program Design. 4. Auflage.
      London - New York - San Francisco: Academic Press 1978. =
      A. P. I. C. Studies in Data Processing 12
      (deutsch: Grundlagen des Programmentwurfs. Darmstadt:
      Töche-Mittler 1979)

[29] JENSEN, K.; WIRTH, N.: PASCAL - User Manual and Report.
      2. Auflage. New York - Heidelberg - Berlin: Springer 1978

[30] KERNIGHAN, B. W.; PLAUGER, P. J.: The Elements of Programming
      Style. New York - ... : McGraw-Hill 1974

[31] KREITZBERG, C. B.; SHNEIDERMAN, B.:   The Elements of FORTRAN
     Style - Techniques for Effective Programming. New York -
     Chicago - San Francisco - Atlanta: Harcourt Brace Jovano-
     vich 1972

[32] MAURER, H.:   Datenstrukturen und Programmierverfahren.
     Stuttgart: Teubner 1974. = LAMM 25

[33] MAYNARD, J.:   Modular Programming. London: Butterworths 1972

[34] McCRACKEN, D. D.; WEINBERG, G. M.:   How to Write a Readable
     FORTRAN Program. DATAMATION 18 (Oktober 1972), 73 - 77

[35] MILLS, H. D.:   The New Math of Computer Programming.
     CACM 18 (1975), 43 - 48

[36] NAUR, P.:   Programming Languages, Natural Languages and Mathe-
     matics. CACM 18 (1975), 676 - 683

[37] NELSON, D. F.:   Recent History and the Future of COBOL.
     In [26], 45 - 56

[38] NEUGEBAUER, K.; SCHNUPP, P.:   Entscheidungstabellen oder
     Strukturierte Programmierung oder ...? Online-adl-nach-
     richten 13 (1975), 300 - 301

[39] OBERQUELLE, H.:   Benutzergerechtes Editieren - eine neue
     Sichtweise von Problemlösen mit DV-Systemen. In [26],
     211 - 220

[40] PARNAS, D. L.:   On the Criteria To Be Used in Decomposing
     Systems into Modules. CACM 15 (1972), 1053 - 1058

[41] REINERS, L.:   Stilkunst - Ein Lehrbuch deutscher Prosa.
     109. - 117. Tausend. München: Beck 1976

[42] SCHNUPP, P.; FLOYD, C.:   Software - Programmentwicklung und
     Projektorganisation. Berlin - New York: de Gruyter 1976

[43] SCHNUPP, P.:   Ist COBOL unsterblich? In [2], 28 - 44

[44] SINGER, F.:   Programmierung mit COBOL. 5. Auflage. Stuttgart:
     Teubner 1983. = Teubner Studienskripten 55

[45] SNEED, H. M.:   Software Qualitätskontrolle - "Der Preis der
     Zuverlässigkeit". Online-adl-nachrichten 15 (1977),
     819 - 821 und 960 - 962

[46] SNEED, H. M.:   Systematisches Programmtesten, ein mühsames
     Geschäft. Online-adl-nachrichten 16 (1978), 904 - 908

[47] STRUNK, W. S.; WHITE, E. B.:   The Elements of Style. Revised
     Edition. New York: Macmillan 1959

[48] STRUNZ, H.:   Entscheidungstabellentechnik oder Strukturierte
     Programmierung? (Ein Interview mit H. Strunz). Online-
     adl-nachrichten 13 (1975), 114 - 115 (vgl. auch [38])

[49] STRUNZ, H.:   Entscheidungstabellentechnik. München - Wien:
     Hanser 1977. = Betriebsinformatik 2

[50] TENNY, T.:   Structured Programming in FORTRAN. DATAMATION 20
     (Juli 1974), 110 - 115

[51] VEINOTT, C. G.:   Programming Decision Tables in FORTRAN,
     COBOL or ALGOL. CACM 9 (1966), 31 - 35

[52] WEINBERG, G. M.:   You Say Your Design's Inexact? Try a
     Wiggle. DATAMATION 25 (August 1979), 146 - 149

[53]   WEIZENBAUM, J.:   Die Macht der Computer und die Ohnmacht der
       Vernunft. 1. Auflage. Frankfurt am Main: Suhrkamp 1977
       (auch: = Suhrkamp Taschenbuch Wissenschaft 274)

[54]   WICHMANN, B. A.:   The Development of ADA, the DoD Language.
       In BÖHLING, K. H.; SPIES, P. P. (Hrsg.):   GI - 9. Jahres-
       tagung, Bonn, 1. - 5. Oktober 1979. Berlin - Heidelberg
       - New York: Springer 1979. = Informatik Fachberichte 19,
       52 - 63

[55]   WIRTH, N.:   Program Development by Stepwise Refinement.
       CACM 14 (1971), 221 - 227

[56]   WIRTH, N.:   Systematisches Programmieren. 3. Auflage.
       Stuttgart: Teubner 1978. = LAMM 17

[57]   WIRTH, N.:   Algorithmen und Datenstrukturen. 2. Auflage.
       Stuttgart: Teubner 1979. = LAMM 31

[58]   YOURDAN, E.; CONSTANTINE, L. L.:   Structured Design - Funda-
       mentals of a Discipline of Computer Program and Systems
       Design. Englewood Cliffs: Prentice Hall 1979

Nachweis der Zitate

Die mit "*" markierten Zitate sind im Original englisch und von mir
ins Deutsche übersetzt.

5   "Meine Botschaft ..." * : [15], S. 459.

9   "Die Fähigkeit ... ": [53], S. 60.
        "Ein 'gutes' Programm ... " * : [31], S. 11.

12   "ist gewöhnlich ...": [53], S. 162.
        "Deshalb kann es ...": [53], S. 162.
        "der lediglich ...": [53], S. 161.

13   "Gedanken, die man ...": G. E. Lessing: Abhandlungen über
        die Fabel, 1759. Lessings Werke, Band 8, Stuttgart:
        Göschen 1874, S. 44.

14   "Oft besteht ...": [53], S. 221.

15   "Wenige schreiben so ...": zitiert nach [41], S. 504.
        "Die düstere Atmosphäre ..." * : [12], S. 35 f.

30   "Funktionsdokumentation": [27], S. 2.
        "als eine Design-Hilfe ...": [27], Vorwort.

31   "Jede Installation ...": [27], S. 41.

44   "Und da verzichteten sie ...": J. Ringelnatz: Die Ameisen.
        Berlin: Henssel 1962, S. 6.

53   "Das Wort Datenstruktur ...": [42], S. 72.

60   "Klasse von Objekten ...": [9], S. 205.
        "syntaktische Spezifikationen" * : [21], S. 398.
        "algebraisch" * : [21], S. 398.

62   "Modulare Programmierung ... " * : [33], S. 6.

72   "Die Werkzeuge ... " * : [11], S. 19.

74 f.   "Tabellenerstellung ...": [49], S. 119 (- 129).

76   "Wenn die Regeln ... ": [49], S. 255.

82   "Man sagt ja auch nicht operatieren": P. Gorny, mündliche
        Äußerung auf der Tagung "Programmiersprachen und Pro-
        grammentwicklung", Darmstadt, März 1980.

96   "die Verifikation auch nur ..." * : [8], S. 276.
        "Die Spezifikationen für ... " * : [8], S. 278.

99   "die Anwesenheit ... " * : [7], S. 6; ähnlich: [11], S. 17.

104   "Wenn Du etwas wissen ...": Heinrich v. Kleist: Über die
        allmähliche Verfertigung der Gedanken beim Reden,
        1805/06. H. v. Kleists Werke, Teil 7, Leipzig: Hesse &
        Becker o.J., S. 36 f.

108   "Man schätzt ... " * : [8], S. 277.

110   "Wer nachlässig ... ": zitiert nach [41], S. 240.
        "Programmierer neigen ... " * : [30], S. 131.
        "Diese Regeln ... " * : [31], S. 2.

110   "Form und Methode ... " * : [30], S. x.

111   "Die Verschiedenheit ... ": [41], S. 8.

112   "daß die Sprache ... " * : [29], S. 133.
       "daß es anscheinend ... " * : [31], S. 8.

113   "Wer ernsthaft versucht ... ": [41], S. 60 f.

116   "Ein ständiges ... ": [41], S. 533 f.

121   "Durch Textverarbeitungssysteme ... ": [5], S. 241.

122   "Omitting ... ": [30], S. 70.
       "Kein Wunder ... ": [53], S. 315.
       "eine instrumentelle ... ": [53], S. 336.
       "daß wir alle ... ": [53], S. 361.
       "Zivilcourage": [53], S. 361.

123   "deren Energieen ... ": Chr. Morgenstern: Die Brille, in
           Alle Galgenlieder, Wiesbaden: Insel 1952, S. 150.
       "ökologisch gesonnener ... " * : [31], S. 41.

124   "Methode, den Overhead ... ":* : [31], S. 40.

125   "Never trust ... ": [30], S. 60.
       "Eingabedaten enthalten ... " * : [30], S. 60.
       "Fehler des 'Kollegen Computer'": Systemtechnische Panne
           am zentralen Steuercomputer. Hessische/Niedersächsi-
           sche Allgemeine, Nr. 27, Kassel, 1. Februar 1980.

127   "Computer zählen ... " * : [30], S. 63.

128   "dem Computer die Schmutzarbeit ..." * : [30], S. 13.

130   "Menschen, nicht Maschinen ... " * : [58], S. 80.

131   "Ein schnell laufendes ... " * : [30], S. 104.
       "5 % des Programmtextes ... ": Aus der Ankündigung für
           ein Seminar über Optimierung eines Softwarehauses in
           Dortmund, 1980.

133   "Einfachheit und Klarheit ... " * :[30], S. 102.

135   "Die beste ... " * : [30], S. 117.

140   "Ein Beispiel ... ": Das Neue Testament, übertragen von
           Jörg Zink, 8. Auflage, Stuttgart: Kreuz-Verlag 1975,
           S. 241.

Sachverzeichnis

Teubner Studienbücher

Informatik

Berstel: **Transductions and Context-Free Languages**
278 Seiten. DM 38,– (LAMM)

Beth: **Verfahren der schnellen Fourier-Transformation**
316 Seiten. DM 34,– (LAMM)

Bolch/Akyildiz: **Analyse von Rechensystemen**
Analytische Methoden zur Leistungsbewertung und Leistungsvorhersage
269 Seiten. DM 29,80

Dal Cin: **Fehlertolerante Systeme**
206 Seiten. DM 24,80 (LAMM)

Ehrig et al.: **Universal Theory of Automata**
A Categorical Approach. 240 Seiten. DM 24,80

Giloi: **Principles of Continuous System Simulation**
Analog, Digital and Hybrid Simulation in a Computer Science Perspective
172 Seiten. DM 25,80 (LAMM)

Kandzia/Langmaack: **Informatik: Programmierung**
234 Seiten. DM 24,80 (LAMM)

Kupka/Wilsing: **Dialogsprachen**
168 Seiten. DM 21,80 (LAMM)

Maurer: **Datenstrukturen und Programmierverfahren**
222 Seiten. DM 26,80 (LAMM)

Oberschelp/Wille: **Mathematischer Einführungskurs für Informatiker**
Diskrete Strukturen. 236 Seiten. DM 24,80 (LAMM)

Paul: **Komplexitätstheorie**
247 Seiten. DM 26,80 (LAMM)

Richter: **Betriebssysteme**
Eine Einführung. 152 Seiten. DM 25,80 (LAMM)

Richter: **Logikkalküle**
232 Seiten. DM 24,80 (LAMM)

Schlageter/Stucky: **Datenbanksysteme: Konzepte und Modelle**
2. Aufl. 368 Seiten. DM 32,– (LAMM)

Schnorr: **Rekursive Funktionen und ihre Komplexität**
191 Seiten. DM 25,80 (LAMM)

Spaniol: **Arithmetik in Rechenanlagen**
Logik und Entwurf. 208 Seiten. DM 24,80 (LAMM)

Vollmar: **Algorithmen in Zellularautomaten**
Eine Einführung. 192 Seiten. DM 23,80 (LAMM)

Weck: **Prinzipien und Realisierung von Betriebssystemen**
299 Seiten. DM 32,– (LAMM)

Wirth: **Compilerbau**
Eine Einführung. 3. Aufl. 117 Seiten. DM 17,80 (LAMM)

Wirth: **Systematisches Programmieren**
Eine Einführung. 4. Aufl. 160 Seiten. DM 22,80 (LAMM)

Preisänderungen vorbehalten

Made in United States
Orlando, FL
22 March 2026

79555862R00103